Lehrstuhl für Ökologische Chemie und Umweltanalytik
der Technischen Universität München

Methodenentwicklung zur Bestimmung organischer peroxidischer Verbindungen in Innenraumluft

Jianguo Hong

Vollständiger Abdruck der von der Fakultät für Landwirtschaft und Gartenbau der Technischen Universität München zur Erlangung des akademischen Grades eines

Doktors der Naturwissenschaften

genehmigten Dissertation.

Vorsitzender:	Univ.-Prof. Dr. H.-L. Schmidt	
Prüfer der Dissertation:	1.	Univ.-Prof. Dr. A. Kettrup
	2.	Univ.-Prof. Dr. M. Schuster

Die Dissertation wurde am 26.03.1997 bei der Technischen Universität München eingereicht und durch die Fakultät für Landwirtschaft und Gartenbau am 28.04.1997 angenommen.

Jianguo Hong

Methodenentwicklung zur Bestimmung organischer peroxidischer Verbindungen in Innenraumluft

2., unveränderte Auflage

UTZ

Herbert Utz Verlag · München

Chemie

Zugl.: Diss., 1997

Bibliografische Information der Deutschen Nationalbibliothek:
Die Deutsche Nationalbibliothek verzeichnet diese Publikation in der Deutschen Nationalbibliografie; detaillierte bibliografische Daten sind im Internet über http://dnb.d-nb.de abrufbar.

frühere Ausgabe: ISBN 978-3-89675-188-1

ISBN 978-3-8316-8095-5

Printed in EU
Herbert Utz Verlag GmbH, München
www.utzverlag.de

献给：

生我养我的慈父慈母

知我助我的贤妻爱女

教我育我的祖国人民

Für meine Eltern, Shaoli, Peizhu und mein Vaterland

Die vorliegende Dissertation wurde in der Zeit von Mai 1994 bis Dezember 1996 am Institut für Ökologische Chemie der GSF-Forschungszentrum für Umwelt und Gesundheit in Freising-Attaching angefertigt.

Daher gilt mein Dank Herrn Prof. Dr. A. Kettrup für die Themenstellung sowie die Bereitstellung technischer und wissenschaftlicher Einrichtungen und die Möglichkeit, uneingeschränkt am Institut arbeiten zu können. Für sein Engagement, die fachliche Unterstützung, die finanzielle Förderung und das entgegengebrachte Vertrauen bin ich ihm zu großem Dank verpflichtet.

Ganz besonders möchte ich mich bei Herrn Dr. Jürgen Maguhn herzlich bedanken für das entgegengebrachte Vertrauen, für viele wertvolle Anregungen und seine stete Bereitschaft zur Diskussion, für die vielfältige praktische Unterstützung sowie sorgfältige und exakte Korrektur dieser Dissertation und auch für die mich stets begleitende Freundschaft.

Herrn Dr. Dieter Freitag danke ich für die ausgezeichneten Arbeitsbedingungen am Institut in Freising-Attaching, die es mir gestatteten, moderne analytische Verfahren einzusetzen.

Herrn Prof. Dr. Schuster danke ich für die Übernahme des Korreferates.

Herrn Prof. Dr. S. Gäb, Lehrstuhl für Analytische Chemie der Bergischen Universität-Gesamthochschule Wuppertal, möchte ich für die wissenschaftliche Unterstützung und die wertvollen Anregungen danken.

Herrn Dr. W. V. Turner danke ich für die Synthese von Vergleichssubstanzen der organischen Hydroperoxide und die wertvollen Anregungen sowie freundliche Unterstützung.

Für die tatkräftige Unterstützung und gewissenhafte Mitarbeit im Labor möchte ich mich besonders bei Frau Anita Wüst sowie Frau Annette Niklaus bedanken.

Ferner gebührt Herrn Alexander Krainz mein Dank für die Beschaffung der verschiedenen Kunststoffproben sowie die Ermöglichung von Innenraumbeprobungen.

Ich möchte auch Frau Dr. Ingrid Beck-Speier am Institut für Inhalationsbiologie der GSF für ihre Unterstützung bei der Anwendung des Chemilumineszenz-Analysers danken.

Vielen Dank an alle anderen Kolleginnen und Kollegen im GSF-Institut für Ökologische Chemie in Freising-Attaching für die angenehme Arbeitsatmosphäre und die stete Hilfsbereitschaft im täglichen Laborgeschehen.

Nicht zu vergessen seien meine Eltern, meine Frau und natürlich auch meine Tochter: Für ihre Geduld und liebevolle Unterstützung vielen Dank.

Schließlich möchte ich der Hanns-Seidel-Stiftung und der GSF für ihre Beiträge zur Finanzierung meiner Fortbildung und Promotion in der Bundesrepublik Deutschland meinen herzlichen Dank aussprechen.

Inhaltsverzeichnis

Abkürzungsverzeichnis

λ_{em}	Emissionswellenlänge
λ_{ex}	Anregungswellenlänge
A.D.	Außendurchmesser
Abb.	Abbildung
ATD	Automatischer Thermodesorber
CHP	Cumolhydroperoxid
DTBP	Di-tert-butylperoxid
Dy	Dynamisch
EHP	Ethylhydroperoxid
Fa.	Firma
FID	Flammenionisationsdetektor
GC	Gaschromatograph
Gl.	Gleichung
GSF	Forschungszentrum für Umwelt und Gesundheit, München
h	Stunden
HMHP	Hydroxymethylhydroperoxid
HPLC	Hochleistungsflüssigchromatographie (High Performance Liquid Chromatography)
HRP	Meerrettichperoxidase (horseradish peroxidase)
I.D.	Innendurchmesser
MHP	Methylhydroperoxid
min	Minuten
MS	Massenspektrometer
mV	Millivolt
PES	p-Hydroxyphenylessigsäure
ppbv	parts per billion by volume
ppmv	parts per million by volume
pptv	parts per trillion by volume
PTFE	Polytetrafluorethylen
RSD	relative Standardabweichung (Relative Standard Deviation)

R_t	Retentionszeit (Retention Time)
SFC	überkritische Flüssigchromatographie (Supercritical Fluid Chromatography)
SFE	überkritische Fluidextraktion (Supercritical Fluid Extraction)
SPME	Festphasen-Mikroextraktion (Solid-Phase Microextraction)
St	Statisch
T	Temperatur
Tab.	Tabelle
TBCP	tert-Butylcumolperoxid
TBHP	tert-Butylhydroperoxid
TBPB	tert-Butylperbenzoat
TIC	Totalionenchromatogramm (Total Ion Current)
UV	Ultraviolett-Strahlung
VOC	flüchtige organische Verbindungen (Volatile Organic Compounds)

1. Einleitung und Problemstellung

In den letzten Jahren sind Wasserstoffperoxid und organische Peroxide aufgrund ihrer großen Bedeutung für die Luftchemie verstärkt in den Blickpunkt des wissenschaftlichen Interesses gerückt (Gunz und Hoffmann, 1990). Nach Ozon werden sie als die wichtigsten Oxidantien in der Gasphase der unteren Troposphäre betrachtet (Olszyna et al., 1988; Hellpointner und Gäb, 1989). Bei der Bildung von „Saurem Regen" spielen Wasserstoffperoxid und Hydroperoxide eine entscheidende Rolle: sie sind das wichtigste Oxidationsmittel für die Umwandlung von SO_2 zu Schwefelsäure in Regentropfen (Calvert et al., 1985; Dasgupta, 1980; Hartkamp und Bachhausen, 1987; Penkett et al., 1979; Sakugawa et al., 1990). Da sie als Reservoir für reaktive Radikale wie OH, HO_2 und RO_2 fungieren, kann ihre Konzentration als Maß für die Konzentration an freien Radikalen in der Atmosphäre genommen werden (Chameides, 1984; Gunz und Hoffmann, 1990; Jacob et al., 1986a, 1986b).

Forschungsschwerpunkte in bezug auf diese Stoffgruppe sind die Untersuchung der Prozesse, die zum Auftreten von peroxidischen Spezies in der Atmosphäre führen, sowie die Ermittlung möglicher Wirkungen auf die belebte Umwelt, die sich infolge des Auftretens von Peroxiden ergeben können. Peroxide werden bei der Simulation der wichtigen luftchemischen Reaktionen am Computer berücksichtigt (Calvert et al., 1985). Umfangreiche Versuche zur Simulation der in der Atmosphäre ablaufenden Prozesse im Laboratorium haben gezeigt, daß OH-Radikal-induzierte Reaktionen (Hanst und Gay, 1983; Gunz und Hoffmann, 1990) und die Ozon-Olefin-Reaktion (Gäb et al., 1985, 1995; Hewitt und Kok, 1991; Simonaitis et al., 1991; Jefford, 1993; Horie et al., 1994; Hatakeyama und Akimoto, 1994) als wichtigste Quellen organischer Hydroperoxide in der Troposphäre angesehen werden müssen. In der Atmosphäre sind Wasserstoffperoxid und einige organische Hydroperoxide, wie z. B. Methylhydroperoxid (MHP), Hydroxymethylhydroperoxid (HMHP), 1-Hydroxyethylhydroperoxid (HEHP) und 1-Hydroxypropylhydroperoxid (HPHP) im ppbv-Bereich nachgewiesen worden (Olszyna et al., 1988; Hellpointner und Gäb, 1989; Kok et al., 1990; Kurth et al., 1991; Kurth, 1992; Lee et al., 1993, 1994).

Die schädigende Wirkung von H_2O_2 auf pflanzliche Zellen wurde durch eine Fülle von Experimenten demonstriert (Masuch et al., 1985, 1986, 1989; Sakugawa et al., 1990; Kettrup et al., 1991), und es besteht Grund zu der Annahme, daß auch einige hydrophile organische Peroxide hinsichtlich ihrer schädigenden Wirkungen durchaus mit H_2O_2 vergleichbar sind (Gaffney et al., 1987; Maguhn et al., 1989a, 1991a; Hewitt et al., 1990). Diese Beobachtungen bilden die Grundlage für die im Rahmen der "Photooxidantientheorie" formulierte Vermutung, daß oxidative Schädigungen, die außer durch Ozon vor allem auch durch H_2O_2, organische Hydroperoxide und Peroxyacylnitrate verursacht werden, eine von vielen möglichen Ursachen für die in Europa und Nordamerika auftretenden neuartigen Waldschäden sind (Schütt und Cowling, 1985; Möller, 1988; Hewitt et al. 1990; Schulze und Lange, 1990; Kettrup et al., 1991). Die schädigende Wirkung von H_2O_2 und organischen Peroxiden erstreckt sich jedoch nicht nur auf Pflanzen sondern auch auf den Menschen. Einige Untersuchungen haben gezeigt, daß Peroxide vielfältige schädigende Wirkungen auf die menschliche Gesundheit ausüben können (Holmberg, 1977; Stenton et al., 1989; Fisher, 1989; Bundesarbeitsblatt, 1992). Allerdings steht noch eine Reihe von Untersuchungen aus, die diese Wirkungen auf den Menschen genauer klären sollen.

In der gegenwärtigen Zeit begleiten Kunststoffe unser Leben: vom Stecknadelkopf bis zum Radio- und Fernsehgehäuse, vom Joghurtbecher über Karosserieteile, Boote und Sturzhelme zu Kabelisolierungen, Lebensmittelverpackungen und Kunstfasern, um nur einige zu nennen. Über 50% aller Kunststoffe werden nach einer Statistik der Peroxid-Chemie GmbH durch Initiierung der Polymerisation mit organischen Peroxiden und Persulfaten hergestellt (Peroxid-Chemie, 1994). Organische Peroxide werden außerdem noch als Bleichmittel für Textilien, Papier und Mehl sowie als Trockenmittel für ungesättigte Öle verwendet. Ebenso ist bei dem weitverbreiteten Einsatz von Ethern als Lösungsmittel bzw. Bestandteil in Farben, Lacken, Fußbodenklebern, Parkettversiegelungen sowie Reinigungsmitteln bei Herstellung und Anwendung dieser Produkte durch Reaktion mit Luftsauerstoff unter Lichteinwirkung mit Peroxid-Bildung zu rechnen.

Die Belastung von Innenraumluft durch organische Chemikalien wird seit längerem aufmerksam verfolgt, wovon eine Vielzahl von Untersuchungen zeugt (Johansson, 1978; Gammage und Kaye, 1984; Weschler et al., 1992; Kerr, 1993; Seifert und Ullrich, 1987;

Cailleux et al., 1993). Bisher sind organische Peroxide in Innenraumluft noch nicht untersucht worden, während in Außenluft bereits Messungen vorliegen. Es erscheint jedoch dringend notwendig, in Innenraumluft vermutete organische Peroxyverbindungen wegen ihres hohen Wirkungspotentials zu charakterisieren und zu quantifizieren. Damit soll die Beschreibung und Beurteilung der Immissionssituation in Innenräumen um eine wichtige Stoffklasse erweitert und ein Beitrag zum Schutz der menschlichen Gesundheit geleistet werden.

Ziel dieser Arbeit ist die möglichst vollständige Bestimmung der in Innenraumluft vorkommenden Peroxyverbindungen. Dazu zählen Wasserstoffperoxid und hydrophile sowie lipophile organische Peroxide. Zu diesem Zweck sollten im Rahmen dieser Arbeit folgende Hauptaufgaben bearbeitet werden:

- Vorrangig ist die Entwicklung analytischer Methoden, die eine simultane Bestimmung dieser Verbindungen in Innenraumluft im Spurenbereich ermöglichen.
- Im Hinblick auf die zu erwartenden sehr niedrigen Konzentrationen der Peroxide in Innenraumluft und ihre thermische Instabilität muß für ihre Erfassung eine geeignete Probenahme- und Anreicherungsmethode entwickelt werden.
- Anschließend soll in Laborsimulationen das Ausgasverhalten von Kunststoffen untersucht werden, die mit Peroxiden als Polymerisationsinitiatoren produziert wurden. Es gilt dabei zu klären, ob Reste dieser Peroxide in die Umgebungsluft abgegeben werden.
- Schließlich sollen die analytischen Methoden eingesetzt werden, um Belastungssituationen in unterschiedlich genutzten Räumen, wie zum Beispiel in Wohnhäusern, Büros, Labors, Fabriken, Geschäften usw. zu untersuchen.

2. Allgemeiner Teil

2.1. Bildung von H_2O_2 und organischen Peroxiden in der Atmosphäre

Aufgrund zahlreicher theoretischer Studien und Modellversuche gilt es als gesichert, daß Wasserstoffperoxid und organische Hydroperoxide weder biogen noch anthropogen emittiert werden (Sakugawa et al., 1990); das Vorkommen dieser Verbindungen in der Atmosphäre ist ausschließlich photochemischen Ursprungs (Gaffney und Senum, 1984; Gunz und Hoffmann, 1990; Hewitt und Kok, 1991). Hanst und Gay (1983) identifizierten in sogenannten Smogkammer-Experimenten einige organische Hydroperoxide und Persäuren mit Hilfe der Langweg-Fourier-Transformations-Infrarot-Spektroskopie als Zwischenprodukte des Abbaus von aliphatischen und aromatischen Kohlenwasserstoffen in Stickoxid-freier Luft. Bei der Gasphasenozonolyse biogener Olefine wurden einige peroxidische Produkte durch die Anwendung spektroskopischer Methoden (u.a. NMR) nachgewiesen (Hellpointner, 1985; Gäb, 1985; Brockmann, 1992). Calvert et al. (1985) simulierten die chemischen Bedingungen, die zur Bildung von anorganischen und organischen Säuren in der Troposphäre führen. Diese Computersimulationen erlaubten die Prognose, daß die Gasphasenkonzentrationen von H_2O_2 und Methylhydroperoxid (CH_3OOH) im Sommer einige ppbv erreichen, während sie im Winter dagegen nur im pptv-Bereich liegen sollten. Kleinman (1986) simulierte die photochemische Bildung von Peroxiden in den bodennahen Luftschichten im Nordosten der USA und prognostizierte für Methylhydroperoxid im Sommer eine Gasphasenkonzentration von 0,9 bis 1,6 ppbv.

Wasserstoffperoxid und organische Peroxide werden durch Rekombinationen von Peroxy-Radikalen gebildet (Madronich und Calvert, 1990). Peroxy-Radikale in der Troposphäre werden photochemisch in der Folge der Ozon-Photolyse (die dadurch gebildeten OH-Radikale reagieren weiter zu HO_2), der Aldehyd-Photolyse, insbesondere von Formaldehyd (führt direkt zur Bildung von HO_2), und bei der Kohlenwasserstoff-Oxidation (führt zur Bildung von RO_2; die Methan-Oxidation z. B. liefert CH_3O_2) produziert. Nach neueren Studien bilden sich Peroxy-Radikale auch bei der Reaktion von organischen Substanzen mit NO_3, die fast ausschließlich in der Nacht von Bedeutung sind (Platt et al., 1990). Als weitere Peroxid-

Quelle sind Reaktionen von Ozon mit Alkenen (insbesondere Terpene) in der Diskussion (Gäb et al., 1985, 1995; Becker et al., 1990, 1993; Simonaitis et al., 1991; Hewitt und Kok, 1991), welche ebenfalls nachts ablaufen können. Die Bildung von H_2O_2 und organischen Peroxiden in der Atmosphäre ist in Abbildung 1 schematisch dargestellt.

2.1.1. Quellen und Kreislauf der HO_x-Radikale

Ozon ist ein natürliches Spurengas der Atmosphäre, das bei der Photolyse von Sauerstoff mit Wellenlängen unterhalb 290 nm gebildet wird. Seine wichtige Rolle in der Luftchemie ist heutzutage hinreichend bekannt (Kümmel und Papp, 1988). Die Photolyse von Ozon in troposphärischen Luftmassen fern von anthropogenen Emissionnen führt zum Haupteintrag von HO_x-Radikalen in der Atmosphäre im Sommer:

$$O_3 + h\nu \rightarrow O(^3P) + O_2 \quad \text{für } \lambda > 310 \text{ nm} \quad (1)$$

$$O_3 + h\nu \rightarrow O(^1D) + O_2 \quad \text{für } \lambda < 310 \text{ nm} \quad (2)$$

Der bei der Photolyse von Ozon gebildete atomare Sauerstoff befindet sich im Grundzustand (Triplett, ^3P), wenn die Wellenlänge λ des absorbierten Lichtes größer als 310 nm ist. Wird die Photolyse durch UV-Strahlung mit Wellenlängen unterhalb 310 nm ausgelöst, so entstehen Sauerstoffatome, die sich in einem angeregten Zustand (Singulett, ^1D) befinden (Fabian, 1992). Das gebildete, energetisch angeregte Sauerstoffatom $O(^1D)$ geht durch Stoß mit einem Sauerstoff- bzw. Stickstoffmolekül unter Energieübertragung zum Sauerstoffatom im Grundzustand $O(^3P)$ über (quenching),

$$O(^1D) + O_2 \rightarrow O(^3P) + O_2 \quad (3)$$

$$O(^1D) + N_2 \rightarrow O(^3P) + N_2 \quad (4)$$

welches sofort zum Ozon zurückreagiert (termolekulare Reaktion mit drittem Stoßpartner M)

$$O(^3P) + O_2 + M \rightarrow O_3 + M \quad (5)$$

oder über die Reaktion mit Wasserdampf OH-Radikale bildet:

$$O(^1D) + H_2O \rightarrow OH + OH \qquad (6)$$

Die OH-Radikale reagieren mit CO und O_2 zum HO_2-Radikal:

$$OH + CO \rightarrow H + CO_2 \qquad (7)$$

$$H + O_2 + M \rightarrow HO_2 + M \qquad (8)$$

Netto: $$OH + CO + O_2 \rightarrow HO_2 + CO_2 \qquad (9)$$

Nicht nur Reaktion (9), sondern - in geringerem Ausmaß - auch OH-Reaktionen mit HCHO, H_2O_2, O_3, H_2 und SO_2 führen zur Bildung von HO_2.

Darüber hinaus ist auch die Photolyse von Aldehyden eine bedeutende Quelle für HO_2-Radikale:

$$RCHO + O_2 + h\nu \rightarrow RCO + HO_2 \qquad (10)$$

wie z. B. die Photolyse von Formaldehyd

$$HCHO + h\nu \rightarrow H_2 + CO \qquad (11)$$

$$HCHO + h\nu \rightarrow H + HCO \qquad (12)$$

Die beiden Produkte der Photolyse nach Gleichung (12) reagieren dann sehr schnell jeweils mit O_2 weiter zu HO_2:

$$H + O_2 + M \rightarrow HO_2 + M \qquad (13)$$

$$HCO + O_2 \rightarrow HO_2 + CO \qquad (14)$$

Die Netto-Bilanz der Photolyse nach Gleichung (12) ist danach:

$$HCHO + h\nu + 2O_2 \rightarrow HO_2 + HO_2 + CO \qquad (15)$$

Neben Hydroperoxy-Radikalen (HO_2) entstehen bei der Oxidation von Kohlenwasserstoffen auch organische Peroxy-Radikale, die durch Folgereaktionen zur Bildung von organischen Peroxiden führen können (siehe Kap. 2.1.3.1.).

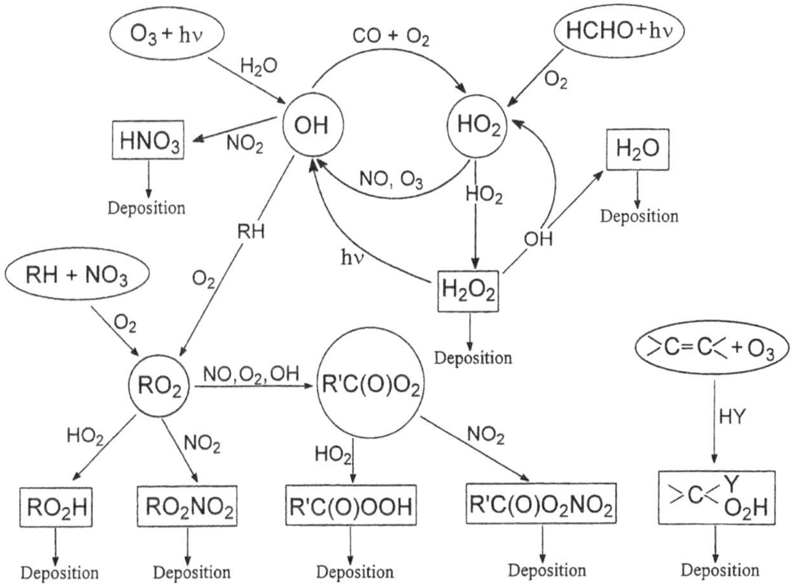

Abb. 1 Vereinfachte schematische Darstellung der Bildung von H_2O_2 und organischen peroxidischen Verbindungen in der Atmosphäre (Y = OH, OR, OCOR, Cl, Br usw.)

Nach Kleinman (1986) tragen die beiden bisher genannten photochemischen Quellen in sauberen Luftmassen im Sommer zu etwa 94% zur Radikalproduktion bei, wobei die Ozon-Photolyse mit ca. 80% deutlich dominiert, während die Formaldehyd-Photolyse nur mit ca. 14% beteiligt ist. Im Winter dagegen gewinnen nach Kleinman (1991) die Formaldehyd-Photolyse, andere photolytische HO_x-Radikalquellen und Reaktionen von NO_3 mit organischen Substanzen sehr an Bedeutung. Letztere können vor allem in Luftmassen mit hohem Gehalt an Stickoxiden ($NO_x = NO + NO_2$) und reaktiven organischen Substanzen nach

Platt et al. (1990) eine signifikante Peroxyradikal-Quelle in der Nacht darstellen (NO_3 + HCHO → HO_2; hauptsächlich aber Bildung organischer Peroxy-Radikale RO_2, siehe Kap. 2.1.3.1).

HO_2 kann wieder in OH zurückgeführt werden:

$$HO_2 + O_3 \rightarrow OH + 2O_2 \quad (16)$$

$$HO_2 + NO \rightarrow OH + NO_2 \quad (17)$$

Die in Gleichung (16) und (17) beschriebenen Reaktionen sind keine Radikal-Verlustreaktionen, sondern konvertieren lediglich HO_2 wieder in OH. Eine Radikal-Senke ist dagegen die Reaktion von OH mit NO_2 zu Salpetersäure HNO_3:

$$OH + NO_2 + M \rightarrow HNO_3 + M \quad (18)$$

Quellen, Senken und der Kreislauf der HO_x-Radikale in der Atmosphäre sind zusammenfassend auch in Abbildung 1 dargestellt.

2.1.2. Quellen und Senken für Wasserstoffperoxid

2.1.2.1. Bildung von Wasserstoffperoxid

Die Hauptquelle für Wasserstoffperoxid in der Troposphäre stellt die Disproportionierung von Hydroperoxy-Radikalen (HO_2) dar (Sakugawa et al., 1990). HO_2-Radikale können, wie bereits dargestellt, über verschiedene Reaktionswege aus Hydroxy-Radikalen (OH) gebildet werden, die selbst aus Reaktionen von HO_2 wieder zurückgebildet werden können (HO_x-Radikalkreislauf, siehe Kap. 2.1.1.). Auch durch die Photolyse von H_2O_2 wird ein Teil der HO_2-Radikale wieder als OH in den Kreislauf zurückgeführt. Die Bildung von Wasserstoffperoxid stellt damit sowohl eine Senke als auch ein Reservoir für OH- und HO_2-Radikale dar. Diese Radikale besitzen eine zentrale Bedeutung für die Luftchemie der

Troposphäre (Logan et al., 1981; Finlayson-Pitts und Pitts, 1986; Warneck, 1988), da sie sehr reaktiv sind und die Reaktion mit OH für die Mehrzahl der Spurengase die dominante Senke darstellt. Die wichtigsten Quellen und Senken der HO_x-Radikale und des Wasserstoffperoxids wurden bereits in Kapitel 2.1.1. dargestellt.

Die HO_2-Disproportionierung zu Wasserstoffperoxid besteht aus einer bimolekularen und einer druckabhängigen termolekularen Komponente:

$$HO_2 + HO_2 \rightarrow H_2O_2 + O_2 \quad (19)$$

$$HO_2 + M \rightleftarrows (HO_2 \cdot M) \quad (20)$$

$$HO_2 + (HO_2 \cdot M) \rightarrow H_2O_2 + O_2 + M \quad (21)$$

Mit $M = H_2O$ als drittem Stoßpartner erhöht sich die Reaktionsrate (Hamilton und Lii, 1977; DeMore et al., 1987).

Schließlich muß als H_2O_2-Quelle die Ozonolyse von Olefinen erwähnt werden (Calvert und Madronich, 1989), die möglicherweise eine erhebliche Rolle bei der Oxidation von Terpenen in Waldbeständen spielt (Jacob et al., 1987; Becker et al., 1990).

2.1.2.2. Senken für Wasserstoffperoxid

Die wichtigsten Senken für Wasserstoffperoxid in der Gasphase sind folgende Reaktionen:

$$H_2O_2 + h\nu\,(\lambda \leq 380\text{ nm}) \rightarrow OH + OH \quad (22)$$

$$H_2O_2 + OH \rightarrow H_2O + HO_2 \quad (23)$$

$$H_2O_2 \rightarrow \text{Deposition} \quad (24)$$

Bei der Photolyse von H_2O_2 werden zwei bei der Bildung verbrauchte HO_x-Radikale wieder in den Kreislauf der HO_x-Radikale zurückgeführt. Die anderen H_2O_2-Senken sind dagegen Netto-Radikalverlustreaktionen, bei denen jeweils zwei Radikale verloren gehen (H_2O_2 ist in der Bilanz gleichbedeutend mit zwei Radikalen). In der höheren Troposphäre mit ihrem niedrigen Stickoxidgehalt ist Reaktion (23) die dominierende H_2O_2- und HO_x-Senke. In relativer Bodennähe spielen zusätzlich Depositionsprozesse für den H_2O_2-Verlust eine große Rolle. Zur feuchten oder nassen Deposition zählt z. B. das Auswaschen durch Regen oder Nebel (H_2O_2 ist extrem gut wasserlöslich). Wasserstoffperoxid kann auch von feuchten Aerosolpartikeln aufgenommen und somit der Gasphase entzogen werden. Nachdem H_2O_2 in der Flüssigphase gelöst ist, treten weitere Reaktionen auf, die unter anderem zur Bildung von Schwefelsäure führen können (H_2SO_4 aus H_2O_2 und SO_2). H_2O_2 kann aber neben der feuchten Deposition auch direkt durch trockene Deposition vom Boden und von Pflanzen aufgenommen werden.

2.1.3. Quellen und Senken organischer Peroxide

2.1.3.1. Kohlenwasserstoff-Oxidation zu RO_2-Radikalen

In der Troposphäre sind die sogenannten OH-Radikal-induzierten Reaktionen eine wichtige Quelle organischer peroxidischer Verbindungen, die neben H_2O_2 eine Rolle spielen. Kohlenwasserstoffe werden dabei durch OH in Alkyl-Radikale (R) überführt, die anschließend sofort mit O_2 zu organischen Peroxy-Radikalen weiterreagieren:

$$RH + OH \rightarrow R + HO_2 \qquad (25)$$

$$R + O_2 \rightarrow RO_2 \qquad (26)$$

Weiterhin können Reaktionen von NO_3 mit organischen Substanzen nach Platt et al. (1990) unter bestimmten Bedingungen auch in der Nacht sowohl HO_2- als auch RO_2-Radikale bilden:

$$HCHO + NO_3 \rightarrow HNO_3 + HCO \qquad (27)$$

$$HCO + O_2 \rightarrow HO_2 + CO \qquad (28)$$

$$RH + NO_3 \rightarrow R + HNO_3 \qquad (29)$$

$$R + O_2 + M \rightarrow RO_2 + M \qquad (30)$$

Die organischen Peroxy-Radikale RO_2 können dann mit HO_2-Radikalen zum entsprechenden organischen Hydroperoxid reagieren (Madronich und Calvert 1990):

$$RO_2 + HO_2 \rightarrow ROOH + O_2 \quad (31)$$

oder mit NO und NO_2 zu den entsprechenden Peroxyalkylnitriten bzw. -nitraten:

$$RO_2 + NO \rightarrow RO_2NO \quad (32)$$

$$RO_2 + NO_2 \rightarrow RO_2NO_2 \quad (33)$$

Die RO_2-Radikale können in der Troposphäre ebenso in andere Radikale oder Substanzen umgewandelt werden (Atkinson et al., 1989; Gunz und Hoffmann, 1990; Tremmel, 1992):

$$RO_2 + NO \rightarrow RO + NO_2 \quad (34)$$

$$RO + O_2 \rightarrow R'CHO + HO_2 \; (R = R'CH_2) \quad (35)$$

$$R'CHO + OH \rightarrow R'CO + H_2O \quad (36)$$

$$R'CO + O_2 \rightarrow R'C(O)O_2 \quad (37)$$

$$R'C(O)O_2 + NO_2 \rightarrow R'C(O)O_2NO_2 \text{ (Peroxyacylnitrat)} \quad (38)$$

$$RC(O)O_2 + HO_2 \rightarrow RC(O)OOH + O_2 \text{ (Peroxycarbonsäure)} \quad (39)$$

$$RO_2 + RO_2 \rightarrow \text{Produkte} \quad (40)$$

Als ein reales Beispiel sei hier die OH-Radikal-induzierte Oxidation von Methan in der Atmosphäre dargestellt (Logan et al., 1981):

$$CH_4 + OH \rightarrow CH_3 + H_2O \quad (41)$$

$$CH_3 + O_2 + M \rightarrow CH_3O_2 + M \quad (42)$$

$$CH_3O_2 + HO_2 \rightarrow CH_3OOH + O_2 \quad (43)$$

$$CH_3O_2 + NO \rightarrow CH_3O + NO_2 \quad (44)$$

$$CH_3O + O_2 \rightarrow CH_2O + HO_2 \quad (45)$$

$$CH_3O_2 + CH_3O_2 + O_2 \rightarrow 2HCHO + 2HO_2 \quad (46)$$

$$CH_3O_2 + CH_3O_2 \rightarrow HCHO + CH_3OH + O_2 \quad (47)$$

Bei der Reaktion von CH_3O_2 mit sich selbst kann auch CH_3O als Zwischenprodukt entstehen:

$$CH_3O_2 + CH_3O_2 \rightarrow 2CH_3O + O_2 \qquad (48)$$

Die CH_3O-Radikale können dann mit anderen Substanzen bzw. Radikalen zu verschiedenen Verbindungen weiterreagieren (s.o.).

Darüber hinaus bildet sich insbesondere Hydroxymethylhydroperoxid, möglicherweise auch über die Reaktion von HCHO mit HO_2 (Su et al., 1979):

$$HCHO + 2HO_2 \rightarrow HOCH_2OOH + O_2 \qquad (49)$$

oder, vor allem in der Flüssigphase, durch Addition von H_2O_2 an Formaldehyd in saurem Milieu (Rieche und Meister, 1933, 1935):

$$HCHO + H_2O_2 \rightarrow HOCH_2OOH \qquad (50)$$

2.1.3.2. Ozon-Olefin-Reaktion

Peroxidische Produkte sind nicht nur bei der Reaktion radikalischer „Zersetzungsprodukte" von Ozon (OH, HO_2) mit gesättigten Verbindungen sondern auch bei der direkten Reaktion von Ozon mit ungesättigten Verbindungen, insbesondere den Olefinen zu erwarten (Bailey, 1982; Gäb et al., 1985; Hewitt und Kok, 1991; Etzel, 1993).

Das gemeinsame Strukturelement der Olefine ist die C=C-Doppelbindung. Die Substanzen dieser Stoffklasse sind eng mit pflanzlichen und tierischen Lebensformen verbunden und deshalb in der Umwelt sowohl in Luft als auch in organischen Substraten (Organismen, Erdöl, Kohle etc.) ubiquitär vorhanden. In den bodennahen Luftschichten sind besonders die Terpene und ihre Derivate als natürliche olefinische Spurengase anzutreffen, die wegen ihrer relativ hohen Dampfdrücke leicht von Pflanzen emittiert werden. Neben diesen natürlich bedingten Olefinemissionen bringt der Mensch durch die Verfeuerung fossiler Brennstoffe bei der

Energieerzeugung, im Verkehr und durch andere technische Prozesse beträchtliche Mengen an Olefinen in die Umwelt. Die Olefinemissionen aus natürlichen Quellen sind jedoch wesentlich höher als jene durch menschliche Aktivitäten.

Aus der umfangreichen Literatur über die Ozon-Olefin-Reaktion (Ozonolyse) wird deutlich, daß bei der Ozonspaltung von Olefinen für die Produktbildung das Carbonyloxid (oder Biradikal) die Schlüsselstellung einnimmt (Becker et al., 1990; Simonaitis et al., 1991; Hewitt und Kok, 1991). Die ersten Schritte der in der Gasphase ablaufenden Ozon-Olefin-Reaktion stimmen nach heutigem Kenntnisstand mit dem von Criegee vorgeschlagenen Mechanismus für die kondensierte Phase überein. Dabei reagiert ein Olefin unter 1,3-dipolarer Addition von Ozon an die Doppelbindung zu einem Primärozonid (1,2,3-Trioxolan), dessen schneller Zerfall bei Raumtemperatur zu einer Carbonylverbindung (z. B. Aldehyd) und einem energiereichen Carbonyloxid führt (Atkinson und Carter, 1984; Atkinson und Aschmann, 1993). Das in der Gasphase radikalisch vorliegende Carbonyloxid kann mit der Carbonylverbindung zu einem stabilen monomeren Normalozonid (1,2,4-Trioxolan) oder zu verschiedenen molekularen und radikalischen Produkten weiterreagieren. Das Normalozonid kann auch als cyclisches, acetalartiges, von Aldehyden und Ketonen abgeleitetes Peroxid angesehen werden. Für den Umfang der Normalozonidbildung ist die dipolarophile Reaktivität der entstehenden Carbonylverbindung mitentscheidend. In Gegenwart protonenaktiver Substanzen wie H_2O, HX, ROH und RCOOH addieren diese an das Carbonyloxid unter Bildung peroxidischer Verbindungen.

Die Ozonolyse von Olefinen läßt sich in folgenden Reaktionsgleichungen zum Ausdruck bringen:

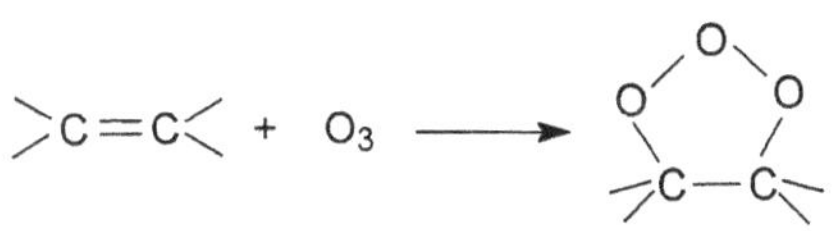

Primärozonid

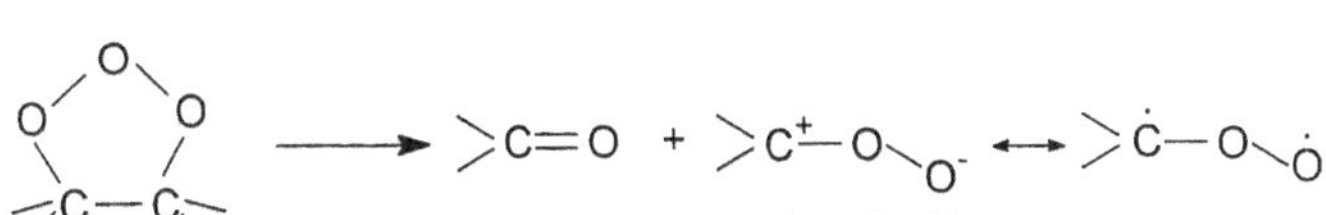

Carbonyloxid

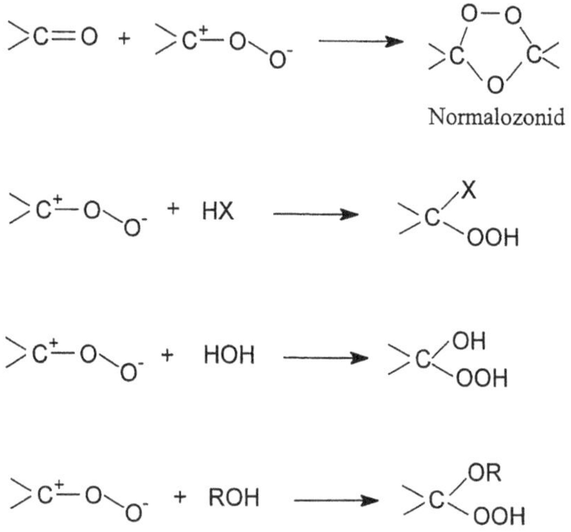

Die Addition von Wasser an das Carbonyloxid führt zu α-Hydroxyhydroperoxiden, die in vielen Fällen nur geringe Stabilität besitzen. Der Zerfall der α-Hydroxyhydroperoxide liefert entsprechend Wasserstoffperoxid und eine Carbonylverbindung:

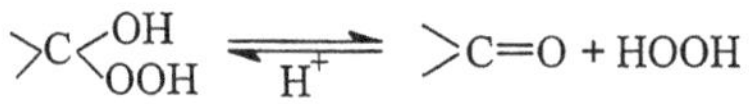

Brockmann (1992) verglich die Wasserstoffperoxidausbeuten der Ozonolyse einiger einfacher Alkene und Terpene ohne Zugabe von Wasserdampf und in Gegenwart von 10 Torr Wasserdampf. Die Ergebnisse zeigen, daß die beobachteten H_2O_2-Konzentrationen bei Zugabe von Wasserdampf signifikant ansteigen. Die Größe des Anteils der Ozon-Olefin-Reaktion an der Gesamt-Peroxidbildung in der Troposphäre ist derzeit noch in der Diskussion.

2.1.3.3. Senken für organische Peroxide

Über die Senken organischer Peroxide ist noch recht wenig bekannt. Wie beim H_2O_2 dürften die Reaktion mit OH und die Deposition wichtige Senken darstellen. Die Wasserlöslichkeit des Peroxids beeinflußt in starkem Maße seine Depositionsrate. Wegen der besseren Löslichkeit (Zhou und Lee, 1992) sollte z. B. Hydroxymethylhydroperoxid sogar noch effizienter deponierbar sein als H_2O_2. Methylhydroperoxid mit seiner um 3 Größenordnungen geringeren Wasserlöslichkeit gegenüber H_2O_2 (Lind und Kok, 1986) wird dagegen vermutlich deutlich schlechter deponiert. Eine weitere Senke für Methylhydroperoxid ist dessen Photolyse, die zur Bildung von Formaldehyd führt. Die Senken für Methylhydroperoxid entsprechen in ihren Mechanismen exakt denen des H_2O_2 [Gleichung (22)-(24)].

2.2. Eigenschaften der Peroxide

Organische Peroxide sind Abkömmlinge des Wasserstoffperoxids, das in der Regel auch das Ausgangsprodukt ihrer Synthese darstellt. Außerdem entstehen organische Peroxide (z. B. Hydroperoxide und Persäuren) durch Autoxidationsreaktionen. Diese Reaktionen laufen vielfach unfreiwillig ab und sind als gefährliche Nebenreaktionen unerwünscht. Die gängigen Peroxide lassen sich in acht verschiedene Klassen einteilen: Hydroperoxide, Dialkylperoxide, Diacylperoxide, Persäuren, Perester, Ketonperoxide, Perketale und Peroxydicarbonate. Tabelle 1 und Abbildung 2 zeigen die wichtigsten Verbindungstypen organischer Peroxide, die sich von bekannten Kohlenstoff-Sauerstoff-Verbindungen durch ein zusätzliches Sauerstoffatom - den Per- oder Aktivsauerstoff - unterscheiden.

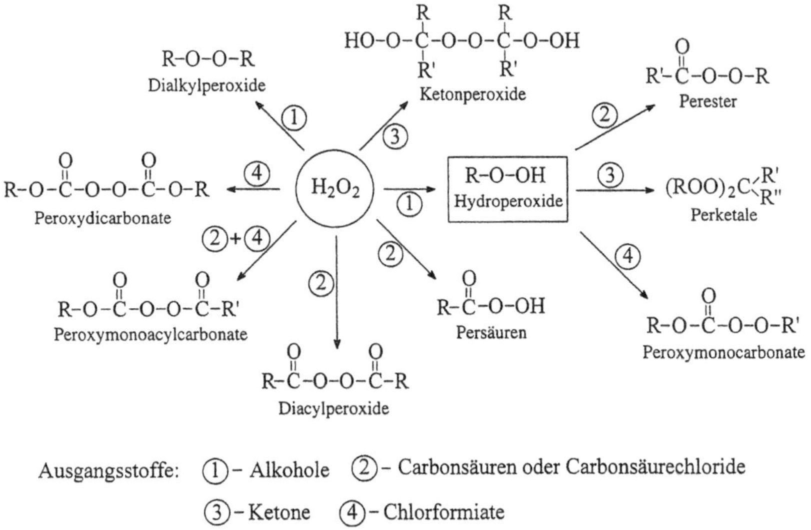

Abb. 2 Synthesewege organischer Peroxide und ihre wichtigsten Ausgangsstoffe

Organische Peroxide sind in der Regel instabile Verbindungen und besitzen eine hohe Reaktionsfreudigkeit. Sie zerfallen an der labilen O-O-Bindung unter Einfluß von Wärme, Strahlung, Redoxsystemen, aber auch durch mechanische Einwirkungen in freie Radikale, weshalb sie industriell von großem Interesse für Polymerisationsreaktionen, für die

Vernetzung von Polymeren und für die Härtung von ungesättigten Polyesterharzen (UP-Harze) sind (siehe Kap. 2.3.1.). Der Zerfall durch Wärme verläuft nach einer Kinetik erster Ordnung; zur Beschreibung des Zerfalls wird der Begriff Halbwertszeit verwendet, der ausdrückt, nach welcher Zeit bei gegebener Temperatur nur noch die Hälfte der Ausgangskonzentration bzw. -menge des betrachteten Stoffes vorhanden ist.

Tab. 1 Verbindungsklassen organischer Peroxide

Peroxid-Klasse	Beispiel	Kürzel
Dialkylperoxid	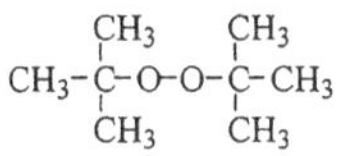 Di-tert-butylperoxid	DTBP
Hydroperoxid	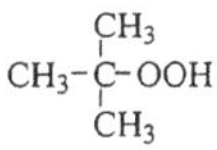 tert-Butylhydroperoxid	TBHP
Perester	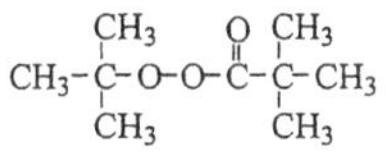 tert-Butylperpivalat	TBPPI
Perketal	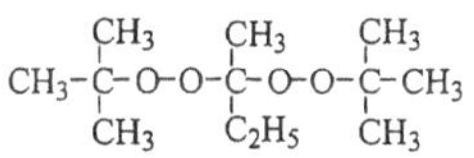 2,2-Di(tert-butylperoxy)butan	BU
Ketonperoxid	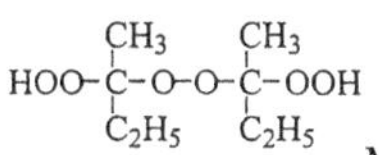 Methylethylketonperoxid	MEKP
Persäure	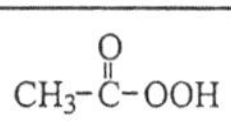 Peressigsäure	PES
Diacylperoxid	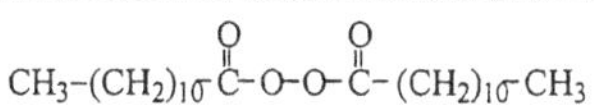 Dilauroylperoxid	LP
Peroxydicarbonat	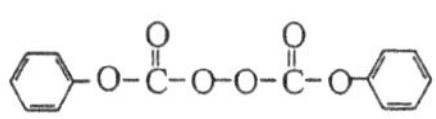 Diphenylperoxydicarbonat	PPCN

Jedes organische Peroxid hat ein charakteristisches thermisches Zerfallsverhalten, das sich mit der Halbwertszeit beschreiben läßt. Peroxide sind thermisch sehr empfindlich und ihre Zerfallsgeschwindigkeit steigt mit zunehmender Temperatur erheblich an. Am Beispiel des Di-tert-butylperoxids kommt dies deutlich zum Ausdruck: Die Halbwertszeit beträgt bei 100 °C 200 Stunden, bei 140 °C nur noch 2 Stunden (Christen und Vögtle, 1988). Die Halbwertszeit-Temperatur-Kurven verschiedener organischer Peroxide sind in Abbildung 3 dargestellt.

Besonders leicht erfolgt der Zerfall von Peroxyverbindungen, wenn dabei stabile Moleküle wie z. B. CO_2 entstehen. Auch wenn sich mesomeriestabilisierte Radikale bilden, verläuft die Homolyse beträchtlich rascher, da bereits der Übergangszustand durch die Delokalisierung des ungepaarten Elektrons stabilisiert wird. So beträgt die Halbwertszeit von Dibenzoylperoxid bei 90 °C 2 Stunden, bei 120 °C sogar nur noch 3 Minuten, während sie für tert-Butylperbenzoat bei 90 °C dagegen 58 Stunden und bei 120 °C 1,6 Stunden beträgt (Christen und Vögtle, 1988; Dorn, 1993) (vgl. auch Abb. 3).

Die Halbwertszeit ist nicht nur von der Temperatur, sondern auch von der Konzentration des Peroxids, der Polarität des Lösungsmittels und vom Druck abhängig. Im allgemeinen verringern eine hohe Konzentration des Peroxids und eine hohe Polarität des Lösungsmittels die Halbwertszeit, während hoher Druck die Halbwertszeit verlängert. Im Vergleich mit der Temperatur ist der Einfluß dieser Parameter jedoch unbedeutend (Hinton, 1995).

Eine Änderung des Zerfallsverhaltens organischer Peroxide wird durch sogenannte Beschleuniger bewirkt. Diese können Salze von Kobalt, Vanadium und Eisen sein, die auch industriell gebräuchlich sind, Amine, wie z. B. Toluidin, oder auch reduzierend wirkende Substanzen, wie z. B. Zucker und Ascorbinsäure. Sie bewirken - meist in sogenannten "Redoxsystemen" - bereits bei Raumtemperatur den Zerfall organischer Peroxide (siehe Abb. 4) Praktische Anwendung findet dies bei der Härtung von UP-Harzen und der Emulsionspolymerisation (Dorn, 1993).

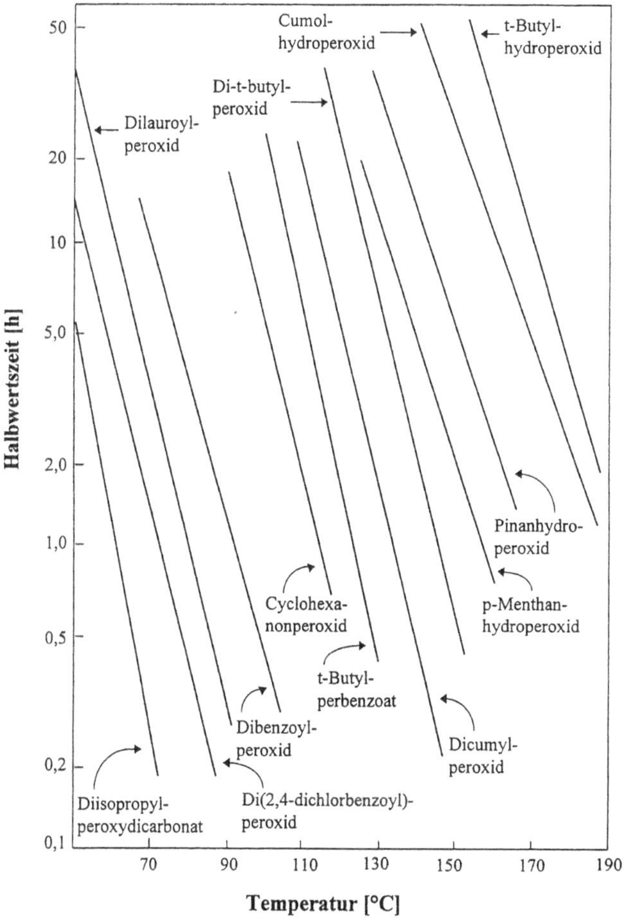

Abb. 3 Vergleichende Darstellung der thermischen Stabilität verschiedener Peroxide (nach Mair und Hall, 1971)

Fast alle Peroxide sind mehr oder weniger explosiv, d.h. sie neigen beim Erhitzen zu explosionsartigem Zerfall. Die Fähigkeit eines Peroxids zu explosivem Zerfall richtet sich nach dem Gehalt des Moleküls an peroxidischem Sauerstoff; doch nicht nur durch Erhitzen, sondern vielfach auch durch Schlag oder Stoß, ja manchmal durch bloße Berührung kann ihre Explosion ausgelöst werden.

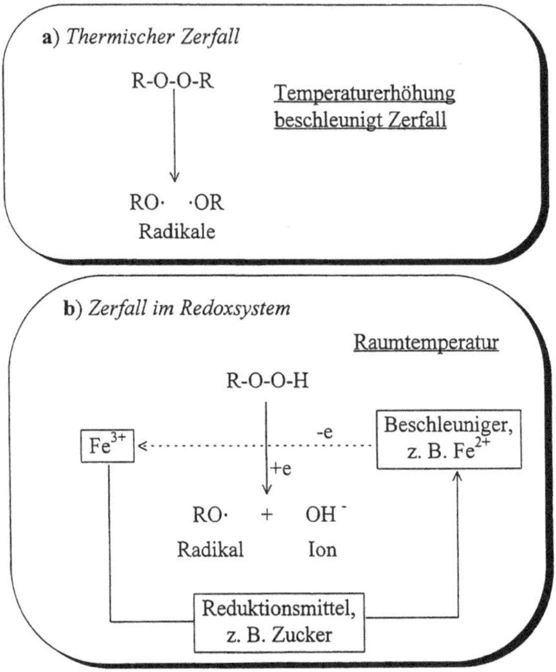

Abb. 4 Zerfall von organischen Peroxiden; a) thermisch, b) im Redoxsystem

Im allgemeinen nimmt die Neigung zu explosionsartigem Zerfall mit kleinerer Molekülmasse zu, da der Anteil des peroxidischen Sauerstoffs an der Molekülmasse zunimmt. Von den Alkylperoxiden ist beispielsweise Dimethylperoxid ganz besonders instabil, während Di-tert-butylperoxid so beständig ist, daß es sich unter Atmosphärendruck unzersetzt destillieren läßt. Diacetylperoxid ist wiederum weniger stabil als Dibenzoylperoxid, das wohl am häufigsten als Initiator für Radikalreaktionen verwendet wird.

Zahlreiche organische Substanzen reagieren unter relativ milden Bedingungen mit molekularem Sauerstoff, wobei sich in vielen Fällen Peroxide bilden (Christen und Vögtle, 1988). Natürlich vorkommende Peroxide sind beispielsweise Produkte der Lipidperoxidation (Halliwell und Gutteridge, 1985). Lipide sind in der belebten Natur ubiquitär verbreitet. Durch Reaktion mit Sauerstoff bilden sich besonders aus den ungesättigten Fettsäuren, wie z. B. der Öl-, Linol- und Linolensäure bzw. deren Methyl-, Cholesteryl- und Glycerylestern, relativ leicht Lipidhydroperoxide als primäre Oxidationsprodukte. Diese Lipidhydroperoxide treten besonders bei der Alterung fetthaltiger Lebensmittel in Erscheinung. So ist das ranzige Aroma von gealterten Fetten und Ölen auf Zerfallsprodukte (insbesondere Aldehyde, aber auch Kohlenwasserstoffe, Alkohole, Säuren, Ester und Ketone) der Hydroperoxide zurückzuführen. Lipidhydroperoxiden wird weiterhin eine Rolle in der Photocarcinogenese und bei der Zerstörung von Proteinen und Biomembranen zugeschrieben. Hierbei treten jedoch, anders als in Lebensmitteln, besonders die Hydroperoxide der Triglyceride, Cholesterylester und Phospholipide in Erscheinung.

2.3. Anwendung von Peroxiden in der Industrie

In ihrer chemischen Struktur bekannt sind organische Peroxide schon seit längerer Zeit. Bayer und Villiger z. B. erwähnen Dibenzoylperoxid im Jahre 1900 (Dorn, 1993). Eine sinnvolle Verwendung fand man zunächst allerdings nicht. Erst 1915 beschreibt Ostromilienski die Vernetzung von Naturkautschuk mit Hilfe von organischen Peroxiden (Dorn, 1993). In den zwanziger und dreißiger Jahren werden Peroxide dann von Forschern als Starter für die Polymerisation angewendet. Für industrielle Zwecke werden Peroxide in größerem Umfang erst seit etwa 1950 eingesetzt, als sich die auf der Petrochemie basierende Kunststoffindustrie weltweit durchsetzt (Dorn, 1993); die weitere Entwicklung verlief dann im wesentlichen parallel zur Petrochemie. Die Ölkrise im Jahr 1974 zum Beispiel bremste auch die Produktion von Peroxiden. Die Anzahl der marktgängigen organischen Peroxidtypen ist von anfangs wenigen auf mehr als 100 Verbindungen und Lieferformen angewachsen, da Initiatoren entwickelt wurden, die in ihrem Zerfallsverhalten den vielen verschiedenen Herstellprozessen von Kunststoffen angepaßt sind.

2.3.1. Peroxide in der Kunststoffindustrie

Das Hauptanwendungsgebiet organischer Peroxide ist ihr Einsatz als Radikalstarter in großtechnischen Synthesen wie z. B. bei der Kunststoffpolymerisation und der radikalischen Halogenierung. Die Herstellung hochmolekularer Kunststoffe durch Aneinanderknüpfen vieler kleiner Moleküle (Monomere) mit einer oder mehreren ungesättigten Bindungen oder reaktionsfähigen Ringen nennt man Polymerisation. Bereits im 19. Jahrhundert begann man damit, diese Reaktionen industriell zu nutzen; doch erst im 20. Jahrhundert verstand man die chemischen Vorgänge, und das Zeitalter der modernen Massenkunststoffe begann.

In der gegenwärtigen Zeit sind Kunststoffe in unserem Leben, unserer Wirtschaft und Wissenschaft von herausragender Bedeutung. Kunststoffe sind innovative Werkstoffe: Viele technische Entwicklungen, wie beispielsweise in der Luft- und Raumfahrt, im Automobil- und Flugzeugbau oder in der Elektronik sind ohne die gezielte Anwendung neuer Werkstoffe nicht mehr denkbar. Kunststoffe sind ebenso in allen Bereichen des täglichen Lebens gefragt. Entsprechend ihrer unterschiedlichen Eigenschaften ergeben sich dabei für die einzelnen Kunststoffe verschiedene Einsatzschwerpunkte. Nach dem Bericht des Verbandes Kunststofferzeugende Industrie e. V. wurden im Jahr 1993 rund 9,9 Millionen Tonnen Kunststoffe in der Bundesrepublik Deutschland produziert (VKE, 1993); ihre Einsatzgebiete sind in Abbildung 5 dargestellt.

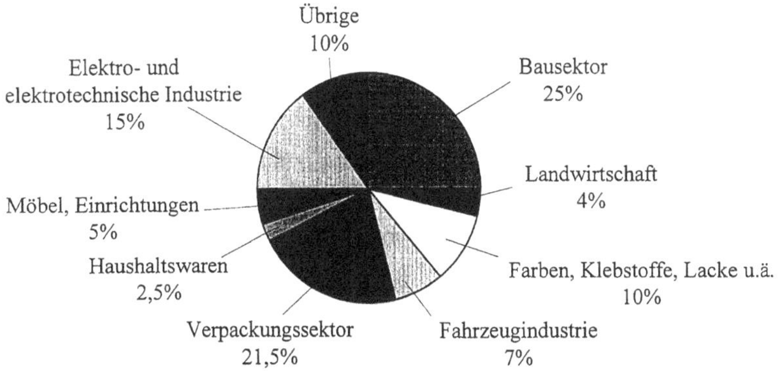

Abb. 5 Einsatzgebiete von Kunststoffen in Prozent in der Bundesrepublik Deutschland (nach VKE, 1993)

Die Öffnung der Doppelbindung ungesättigter Verbindungen als Voraussetzung der Polymerisation kann sowohl durch Homolyse der π-Elektronenbindung (→ Radikale) als auch durch Heterolyse (→ Ionen) erfolgen. Die entsprechenden Reaktionen bezeichnet man dann als radikalische bzw. ionische Polymerisation. Zur Auslösung der Polymerisation spielen organische Peroxide als Initiatoren nur bei der radikalischen Polymerisation eine Rolle, durch die immerhin ca. 50% der Massenkunststoffe hergestellt werden. Als Initiator wird in diesem Fall ein Stoff bezeichnet, der sehr leicht in Radikale zerfällt und damit die Radikal-Kettenreaktion der Polymerisation einleiten kann (Startreaktion). Peroxide eignen sich dazu in idealer Weise, da die O-O-Bindung relativ leicht homolytisch spaltbar ist. Als organische Peroxyverbindungen zum Start radikalischer Polymerisationen kommen vor allem Hydroperoxide, Dialkylperoxide, Diacylperoxide und Perester in Frage. Da diese Verbindungen nicht nur in organischen Lösungsmitteln, sondern auch in den meisten Monomeren löslich sind, eignen sie sich sowohl für Lösungspolymerisationen als auch für

Substanz- und Perlpolymerisationen. Ihr Zerfall in Radikale kann entweder thermisch, durch Bestrahlung mit Licht oder durch eine Redoxreaktion hervorgerufen werden. Neben organischen Peroxiden sind auch Persulfate, CC-labile Verbindungen, Azoverbindungen und sogar Wasserstoffperoxid als Initiatoren gebräuchlich. Tabelle 2 zeigt beispielhaft einige Peroxyverbindungen, die in der Kunststoffindustrie als Initiatoren eingesetzt werden. Außer den erwähnten Initiatoren können auch energiereiche Strahlung (besonders γ- oder Elektronenstrahlen) sowie Licht (besonders im UV-Bereich) die Polymerisation auslösen. In manchen Fällen setzt man bei solchen photoinitiierten Polymerisationen Sensibilisatoren zu, die entweder selbst Radikale bilden oder die eingestrahlte Energie auf das Monomer übertragen.

Tab. 2 Peroxyverbindungen zur Auslösung radikalischer Polymerisationen (nach Boysen et al., 1990)

Peroxyverbindung	**Formel**	**Temperaturbereich [°C]**	**Halbwertszeit bei 70 °C [h]**
Wasserstoffperoxid	H-O-O-H	30 bis 80	-
Kaliumperoxodisulfat	$KO-SO_2-O-O-SO_2-OK$	30 bis 80	10,5 in Wasser bei pH≥4
Dibenzoylperoxid	$C_6H_5-CO-O-O-CO-C_6H_5$	40 bis 100	10,3 in Benzol
Dilauroylperoxid	$CH_3-(CH_2)_{10}-CO-O-O-CO-(CH_2)_{10}-CH_3$	50 bis 100	3,2 in Benzol
Cumolhydroperoxid	$C_6H_5-C(CH_3)_2-O-O-H$	50 bis 120	66×10^3 in Benzol
Di-tert-butylperoxid	$(CH_3)_3C-O-O-C(CH_3)_3$	80 bis 150	ca. 2×10^4

Rund 130 verschiedene organische Peroxide, die vorwiegend als Initiatoren in der Kunststoffindustrie eingesetzt werden, in unterschiedlichen Formulierungen (wasserfeucht, organisch phlegmatisiert, dispergiert, nicht-frierend emulgiert, frozen flakes usw.) werden von der Peroxid-Chemie GmbH angeboten und gehen in folgende Hauptanwendungsgebiete (Peroxid-Chemie GmbH, 1994):

- Polymerisation von Vinylchlorid, Ethylen, Styrol, Vinylacetat, Methylmethacrylat sowie für Spezialmonomere und zur Flammfestmachung
- Härtung von ungesättigten Polyesterharzen (UP-Harzen)
- Vernetzung von Thermoplasten und Elastomeren

2.3.2. Peroxide in anderen Bereichen

Organische Peroxide werden außerhalb der Kunststoffindustrie in einer Vielzahl technischer und industrieller Bereiche eingesetzt: Zum Bleichen von Mehl wurde lange Zeit Di-benzoylperoxid eingesetzt, heute sind bessere Bleichmittel bekannt. Dagegen werden in der Hautkosmetik noch heute Pasten mit verdünntem Di-benzoylperoxid zur Entfernung von Sommersprossen und Akne eingesetzt. In der chemischen Industrie nutzt man zum einen die Radikalbildung zur Auslösung von Additions- und Dimerisierungsreaktionen in organisch-chemische Synthesen, zum anderen werden in großem Umfang Hydroperoxide, wie z. B. tert-Butylhydroperoxid, zur Epoxidierung von Propylen zu Propylenoxid verwendet. Weiterhin werden organische Peroxide wie das Di-tert-butylperoxid als Cetanzahlverbesserer in umweltfreundlichem Dieselkraftstoff eingesetzt.

Daneben gibt es weitere wichtige Anwendungen von Peroxiden in anderen Bereichen, wie z. B. in der Textil- und Waschmittelindustrie, bei der Herstellung von Zellstoff und Papier, in der Abwasser- und Abluftbehandlung, der kosmetischen und pharmazeutischen Industrie sowie der Metallbearbeitung.

2.4. Schädigende Wirkung von Peroxiden

2.4.1. Schadwirkung auf Pflanzen

Die Problematik der Belastung von Pflanzen, insbesondere der Wälder, durch eingetragene Schadstoffe und die damit verbundenen Risiken sind während des letzten Jahrzehnts zunehmend in das öffentliche Interesse gerückt (Woodman und Cowling, 1987; Ulrich, 1990). Waldschäden stellen in unserer Zeit ein globales Problem dar. Der Waldzustandsbericht für die Bundesrepublik Deutschland zeigt für 1996, daß 20% der Bäume deutliche Schäden aufweisen (Bundesministerium für Ernährung, Landwirtschaft und Forsten, 1996). Das ist eine beachtliche Fläche von etwa 21.400 km^2. Ende der 80ger Jahre kam es in den höheren Lagen der Mittelgebirge zu großflächigen Auflösungen des Waldes, während der Zuwachs von Nadelbäumen in den tieferen Lagen anstieg (Forschungsbeirat, 1989).

Bis jetzt ist die Ursache von Waldschäden und Waldsterben noch nicht vollständig geklärt. Sie sind das Ergebnis unterschiedlicher Kombinationen natürlicher und anthropogener Stressoren, wobei die Wirkung von Luftschadstoffen ein nicht zu unterschätzender Faktor ist. Bei der Erforschung der Ursache der Waldschäden spielen unter anderem die Photooxidantien, insbesondere das Ozon, eine bedeutende Rolle, aber auch andere Komponenten dieser Stoffgruppe, z. B. die Peroxide, sind von großer Bedeutung. So stellen Wasserstoffperoxid und organische peroxidische Verbindungen ein wichtiges Bindeglied zwischen der Radikalchemie der Gasphase und den Oxidationsvorgängen in der flüssigen Phase dar. Durch seine Rolle bei der Oxidation von Schwefel(IV) in der Flüssigphase leistet das Wasserstoffperoxid, in das manche organische Hydroperoxide leicht umgesetzt werden können, einen erheblichen Beitrag bei der Versauerung von Regen, Wolkenwasser, Tau und Nebel (Calvert et al., 1985; Gaffney et al., 1987).

Für die Waldschadenssymptome sind die indirekte Wirkung von H_2O_2 und Hydroperoxiden über die Säurebildung in Nebel- und Regentröpfchen, aber auch ihre direkten Einflüsse und ihre oxidierenden Begleitsubstanzen bei der Deposition an feuchten Pflanzenoberflächen von Bedeutung (Masuch et al., 1985, 1986, 1989; Sies, 1986; Heck, 1989; Möller, 1989; Sakugawa et al., 1990; Kettrup et al., 1991; Maguhn et al., 1994). Wasserstoffperoxid und eine Reihe von hydrophilen organischen Peroxiden wurden in der Waldluft (Tavares und Klockow, 1987; Hellpointer und Gäb, 1989; Maguhn et al., 1991a) und auch in den Blättern von Pflanzen nachgewiesen (Hewitt et al., 1990). Die toxische Wirkung von Wasserstoffperoxid und anderen Hydroperoxiden auf Pflanzenzellen ist bekannt (Masuch et al., 1985, 1986, 1989; Sies, 1986; Rennenberg, 1988; Kettrup et al., 1991). Auf Grund seiner phytotoxischen Wirkung kann H_2O_2 durch direkte Deposition an feuchten Pflanzenoberflächen zusätzlich zum Waldsterben beitragen. Über die Bedeutung der organischen Peroxide in diesem Zusammenhang weiß man noch sehr wenig. Die zum Teil stark toxischen Eigenschaften der beschriebenen peroxidischen Verbindungen sind dagegen allgemein bekannt. Aus diesem Grund wird die Peroxidbildung bei der Ozonreaktion der in sehr großen Mengen von Pflanzen emittierten Terpene im Zusammenhang mit dem Waldsterben bzw. mehrfach beobachteten physiologischen Wirkungen des oxidierenden Smogs diskutiert.

Maguhn et al. (1989a, 1989b, 1991a, 1991b) untersuchten die Wirkung gasförmiger Hydroperoxide auf die Photosynthese von Fichten. Dabei zeigte sich, daß alle untersuchten peroxidischen Verbindungen (Ausnahme EHP) einen starken und sehr schnellen Stomataschluß bewirken, der zur Verminderung der Assimilationsrate führt. Es ist jedoch keine direkte Beeinflussung des Photosytheseapparates festzustellen. Bei der Begasung mit H_2O_2 und MHP steigen die Atmung sowie der CO_2-Kompensationspunkt signifikant an. Dieses Phänomen weist auf einen erhöhten Energiebedarf der Pflanze zur Entgiftung des eindringenden Schadgases hin; die effektive Entgiftung schützt den Photosyntheseapparat offensichtlich vor einem Angriff durch Hydroperoxide.

Wie Peroxide, insbesondere organische Hydroperoxide, in anderen Zellkompartimenten entgiftet werden, ist weit weniger gut untersucht. Eine wichtige Funktion in der zellulären Abwehr wird den 'unspezifischen' Peroxidasen zugeschrieben, die Peroxide zusammen mit einer breiten Palette von Cosubstraten umsetzen können. Diese Enzyme sind u. a. auch deshalb von großer Bedeutung für die Entgiftungskapazität pflanzlicher Zellen, weil sie in großen Mengen in der Zellwand vorkommen und dort möglicherweise als primäres, extrazelluläres Schutzsystem Schädigungen des Symplasten verhindern können (Polle und Rennenberg, 1989). Die Untersuchungen von Polle und Rennenberg (1989) stützen einerseits das Konzept, daß Pflanzen sich belastenden Umweltbedingungen nur solange durch Erhöhung ihres Entgiftungsstoffwechsels anpassen können bis ein bestimmter Grenzwert überschritten ist und deuten andererseits darauf hin, daß die Elastizität dieser Anpassungsfähigkeit von einem metabolischen Grundzustand abhängig ist, der von standortspezifischen Faktoren bestimmt wird.

2.4.2. Schadwirkung auf den Menschen

Auch im Zusammenhang mit möglichen Schadwirkungen auf den Menschen stehen Peroxide in der Diskussion. Bei den organischen Peroxiden ist die entzündliche und ätzende Wirkung auf Haut und Schleimhäute sehr unterschiedlich stark ausgeprägt: manche führen noch in starker Verdünnung und kleinsten Mengen zu tiefgreifenden Hautnekrosen oder Cornealnekrosen mit Verlust des Augenlichts. Die Einatmung der Peroxide ruft unterschiedlich starke Reizerscheinungen in den Atemwegen hervor. Zusammenhänge zwischen Peroxiden und zentralnervösen Beschwerden sowie mutagenen Wirkungen und Sensibilisierungen vom Soforttyp durch Einatmung sind beobachtet worden. Bei den Hydroperoxiden und bei einzelnen Peroxiden, z. B. Dibenzoylperoxid, ist außerdem mit einer Kontaktsensibilisierung zu rechnen (Holmberg, 1977; Stenton et al., 1989; Fisher, 1989; Bundesarbeitsblatt, 1992). Die Rolle von Peroxiden bei der Krebsentstehung und der Bildung arteriosklerotischer Gefäßveränderungen ist seit längerem Gegenstand wissenschaftlicher Forschung.

2.5. Belastung von Innenraumluft

In den letzten Jahren hat das Thema Luftqualität in Innenräumen in der öffentlichen Diskussion enorm an Bedeutung gewonnen. Dies beruht u. a. auf der Tatsache, daß sich der Mensch heutzutage bis zu 90% seiner Zeit in Innenräumen aufhält und dort einer großen stofflichen Vielfalt von gas- und partikelförmigen Substanzen ausgesetzt sein kann, die von Baumaterialien, Einrichtungsgegenständen, Farben, Klebern und Lacken emittiert werden. Das Hauptinteresse gilt in diesem Zusammenhang möglichen Befindlichkeitsstörungen oder Gesundheitsgefährdungen, die mit dem Auftreten solcher Expositionen verbunden sein können.

Die Belastung von Innenraumluft mit organischen Chemikalien ist wohlbekannt (Wallace, 1985; Sterling, 1984; Hoskins, 1993; Kostiainen, 1995). Es ist nachgewiesen, daß die Konzentrationen flüchtiger organischer Substanzen (VOC) in Innenraumluft höhere Werte erreichen als in Außenluft (De Bortoli et al., 1986; Wallace, 1987; Yocom, 1982). Grundsätzlich findet sich in jeder Innenraumluft eine Fülle flüchtiger organischer Substanzen, von denen viele mehr oder weniger schädlich sind für die Gesundheit des Menschen (Feron et al., 1992; Rothweiler und Schlatter, 1993; Lunau, 1993). Die Quellen dieser VOC sind in der Regel sehr verschieden (Wanner, 1993; Sollinger et al., 1994).

In den vergangenen Jahren wurde weltweit eine Vielzahl von Studien zur Bestimmung flüchtiger organischer Substanzen in der Innenraumluft unterschiedlich genutzter Räume und Gebäude durchgeführt, z. B. in Wohnhäusern, Büros, Schulen usw.. Dabei wurden bereits mehr als dreihundert verschiedene VOC identifiziert (Berglund et al., 1986; Kostiainen, 1995). Bisher sind in der Literatur jedoch keine Hinweise für das Auftreten organischer Peroxide in Innenraumluft zu finden. Dies liegt vermutlich daran, daß Peroxide zum einen aufgrund ihrer geringen Stabilität bereits vor oder während ihrer Analyse zersetzt werden, zum anderen die üblichen analytischen Methoden eine zu hohe Nachweisgrenze haben.

2.6. Methoden zur Peroxid-Bestimmung

Zu den Schwerpunkten der Forschung, die sich mit Peroxiden befaßt, gehören die Untersuchungen der Prozesse, die zur Bildung peroxidischer Spezies in der Atmosphäre, in Gewässern und in biologischen Systemen führen, sowie die Ermittlung ökologischer und ökotoxikologischer Wirkungen, die sich infolge des Vorkommens dieser Verbindungen ergeben können. Die Bearbeitung dieser Schwerpunkte setzt geeignete analytische Methoden voraus, mit denen die verschiedenen peroxidischen Spezies verläßlich bestimmt werden können. Zu diesem Zweck wurde im Laufe der letzten Jahre eine Vielzahl an Analysenmethoden zur Bestimmung von Wasserstoffperoxid und organischen Peroxiden sowohl in der Gasphase als auch in der wäßrigen Phase entwickelt (Mair und Hall, 1971; Gunz und Hoffmann, 1990; Sakugawa et al., 1990). Im großen und ganzen können die Analysenmethoden zur Peroxid-Bestimmung in UV/VIS-, Fluoreszenz/Chemilumineszenz-, elektrochemische und GC-Methoden aufgegliedert werden.

2.6.1. UV/VIS-Methoden

Die aus der Literatur bekannten Methoden zur Bestimmung von H_2O_2 und organischen Peroxiden arbeiten zum großen Teil mit Hilfe eines UV-Detektors. Diese sogenannten UV/VIS-Methoden lassen sich noch in die direkte und indirekte Detektion unterteilen. Direkte Detektion mit Hilfe eines UV/VIS-Detektors ist die einfachste Methode zur Peroxid-Bestimmung, basierend auf der Anregung des Chromophors O-O und direkter Messung der Absorption. Wasserstoffperoxid und organische Peroxide zeigen im Wellenlängenbereich von 210-240 nm eine schwache Absorption, weshalb diese Verbindungen durch UV-Absorption in diesem Bereich direkt detektiert werden können (Cornisch et al., 1981; Van Tilborg, 1975; Hughes et al., 1983; Jensen et al., 1983). Baj (1994) bestimmte verschiedene Cumolperoxide bei einer Wellenlänge von 257 nm, da alle Cumolperoxide bei dieser Wellenlänge eine Absorption zeigen.

Bei direkter UV-Detektion der Peroxyverbindungen ist einerseits die Empfindlichkeit sehr niedrig, da die O-O-Gruppe ein „schlechtes" Chromophor darstellt, andererseits ist die Selektivität dieser Methode unbefriedigend, da viele andere Verbindungen in diesem Wellenlängenbereich ebenfalls absorbieren. Daher wird bei vielen UV/VIS-Methoden zunächst ein bestimmtes Reagenz durch die zu bestimmenden Peroxyverbindungen oxidiert. Die in dieser oder weiteren Reaktionen gebildete Substanz hat im UV/VIS-Bereich eine relativ intensive Absorption, die anschließend mit Hilfe eines UV-Detektors vermessen wird (indirekte Detektion); so können H_2O_2 und organische Peroxide empfindlich nachgewiesen werden (Deelder et al., 1976; Thomas et al., 1989; Possanzini et al., 1988; Saito et al., 1987). Die am häufigsten, vor allem zur Bestimmung von H_2O_2, eingesetzte indirekte UV/VIS-Methode ist die Iodid-Methode. Sie beruht auf der Umwandlung von Iodid zum Triiodid-Ion im Sauren:

$$ROOH + 2H^+ + 2I^- \rightarrow ROH + H_2O + I_2$$

$$I^- + I_2 \rightarrow I_3^-$$

Die gebildeten Triiodid-Ionen werden mit Hilfe eines UV/VIS-Detektors bei einer Wellenlänge von etwa 360 nm detektiert, wobei die Response von der Konzentration des entsprechenden Peroxids abhängig ist (Gebicki und Guille, 1989; El-Saadani et al., 1989; Cramer et al., 1991; Hicks und Gebicki, 1979).

Auch das Fe^{2+}-Ion ist ein häufig verwendetes Reagenz, das durch H_2O_2 und Hydroperoxide zum Fe^{3+}-Ion oxidiert werden kann. Fe^{3+}-Ionen können dann schnell entweder mit Xylenolorange unter Bildung eines Fe^{3+}-Xylenolorange-Komplexes, der bei etwa 560 nm eine intensive Absorption besitzt (Jiang et al., 1991, 1992; Wagner et al., 1990), oder mit SCN^- unter Bildung eines Eisen-Thiocyanat-Komplexes mit einem Absorptionsmaximum bei 505 nm (Mullertz et al., 1990; Possanzini et al., 1988) reagieren.

Weitere Reagenzien, die mit H_2O_2 und organischen Peroxiden unter Bildung UV-aktiver Substanzen reagieren, sind $TiOSO_4$, Sesamol-Dimer, N,N-Diethylanilin mit 4-Aminoantipyrin, Vanadat(V) mit Pyridin-2,6-dicarbonsäure usw. (Hartkamp und Bachhausen, 1987; Kikugawa et al., 1985; Allen et al., 1990; Saito et al., 1985, 1987; Yagi et al., 1986).

Obwohl sich durch die indirekte Bestimmung die Nachweisgrenze der UV/VIS-Methoden verringert und die Selektivität verbessert wird, reicht die Empfindlichkeit dieser Methoden noch nicht aus, um Peroxide im Spurenbereich zu analysieren, da die Empfindlichkeit der UV/VIS-Methoden letztlich durch die Empfindlichkeit des UV/VIS-Detektors beschränkt wird.

2.6.2. Fluoreszenz/Chemilumineszenz-Methoden

Da die Empfindlichkeit von Fluoreszenz/Chemilumineszenz-Detektoren ca. 2 bis 3 Größenordnungen höher ist als die von UV/VIS-Detektoren, wurden Methoden entwickelt, um Peroxide mit Hilfe dieses Meßprinzips empfindlicher bestimmen zu können. Bei der Fluoreszenz-Methode werden Substrate unter Einwirkung bestimmter Katalysatoren durch Peroxyverbindungen zu fluoreszenzaktiven Produkten umgewandelt, die dann mit Hilfe eines Fluoreszenzdetektors detektiert werden. Damit können H_2O_2 und organische Peroxide quantifiziert werden. Verhältnismäßig oft eingesetzt wird p-Hydroxyphenylessigsäure (PES), die durch das Enzym Meerrettichperoxidase bzw. Mikroperoxidase als Katalysator von Peroxyverbindungen zu einem fluoreszenzaktiven Dimer umgesetzt werden kann (Kurth et al., 1991; Lazrus et al., 1985, 1986; Tanner et al., 1986; Kok et al., 1986; Hwang und Dasgupta, 1986; Dasgupta und Hwang, 1985). Diese Methode wird in Kapitel 3.3. detaillierter beschrieben. Im von Ci und Wang (1990a, 1990b, 1990c) beschriebenen Verfahren wird p-Hydroxyphenylessigsäure durch Homovanillinsäure ersetzt, Peinado et al. (1986) benutzen 2-Hydroxynaphthaldehyd-thiosemicarbazon als Substrat. Nach der Studie von Guilbault et al. (1968) hat p-Hydroxyphenylessigsäure beim Vergleich von 25 verschiedenen Substraten bezüglich der H_2O_2-Peroxidase-Reaktion den höchsten Fluoreszenz-Koeffizienten. Auch kann die Peroxidase bei dieser Methode durch einige Peroxidase-ähnliche Komplexe ersetzt werden; Beispiele hierfür sind Hämatin, Mangantetrakis(sulphophenyl)porphyrin, Mangantetrakis(N-methylpyridiniumyl)porphyrin und Triethylentetramin-Fe(III) (Genfa und Dasgupta, 1992; Ci und Wang, 1990a, 1990b, 1990c; Ebermann und Couperus, 1987). Das von Lee et al. (1990, 1993, 1994) vorgestellte Verfahren erlaubt nur die Bestimmung von

H_2O_2, da nur H_2O_2 mit Fe^{2+}-Ionen zum OH-Radikal zersetzt werden kann, das mit Benzoesäure weiterreagiert; die in dieser Reaktion gebildete Hydroxybenzoesäure wird anschließend fluorimetrisch bestimmt.

Bei der sogenannten Chemilumineszenz-Methode werden Luminol bzw. Isoluminol mit Peroxyverbindungen unter Katalyse von Peroxidase oder Peroxidase-ähnlichen Substanzen wie Hämoglobin umgesetzt. Bei dieser Reaktion werden Photoquanten freigesetzt, die mit Hilfe eines Fluoreszenzdetektors detektiert werden können. Mit dieser Methode lassen sich sowohl H_2O_2 als auch organische Peroxide bestimmen (Iwaoka et al., 1987; Miyazawa et al., 1987; Yamamoto und Ames, 1987; Yamamoto et al., 1987; Preuschoff et al., 1993). Das von Kok et al. (1978) vorgestellte Verfahren basiert auf der Oxidation von Luminol durch H_2O_2, die durch Cu^{2+}-Ionen katalysiert wird und eine Chemilumineszenz bei etwa 450 nm erzeugt. Starke Interferenzen durch O_3, SO_2, Fe- und Mn-Ionen und bei hohen pH-Werten stellen die Meßergebnisse dieser Methode jedoch stark in Frage (Heikes et al., 1982; Zika und Saltzman, 1982; Ibusuki, 1983; Lazrus et al., 1985). Ein weiteres Chemilumineszenzreagenz zur Bestimmung von Wasserstoffperoxid ist Bis(2,4,6-trichlorphenyl)oxalat, das mit H_2O_2 zum energiereichen Dioxetandion reagiert (Stauff und Jaeschke, 1972; Jacob et al., 1986a). Es findet dann eine Energieübertragung auf das zuvor als Fluorophor zugegebene Perylen statt, das in den ersten angeregten Singulett-Zustand überführt wird. Bei der Rückkehr in den Grundstand emittiert dieses Fluorophor das Chemilumineszenz-Licht, das gemessen wird (Rauhut et al., 1967; Scott et al., 1980).

Durch Einsatz eines Fluoreszenz/Chemilumineszenz-Detektors erhöht sich die Empfindlichkeit der Peroxid-Bestimmung beträchtlich. Alle oben erwähnten Methoden eignen sich jedoch nur zur Bestimmung von H_2O_2 und organischen Hydroperoxiden, da Dialkyl- und Diacylperoxide, Persäuren und Perester, ja sogar schon tert-Butylhydroperoxid mit den zugesetzten Reagenzien unter milden Bedingungen nur sehr langsam zu detektierbaren Substanzen umgesetzt werden.

2.6.3. Elektrochemische Methoden

Peroxyverbindungen sind elektrochemisch aktive Substanzen. Die Entwicklung einer Kopplung von Flüssigchromatographie und elektrochemischem Detektor ermöglicht die Analyse einzelner Peroxide nach der Trennung. Funk et al. (1980) und Yamada et al. (1987) verwendeten amperometrische Detektoren zur Bestimmung von Peroxiden nach HPLC-Trennung und zeigten, daß die Empfindlichkeit und Selektivität der Bestimmung organischer Peroxyverbindungen mit dieser Methode gegenüber der UV-Detektion erheblich gesteigert werden konnte. Jedoch ist es nötig, die Interferenz durch O_2 zu verhindern. Funk und Baker (1985) und Funk (1987) untersuchten weiterhin die Detektion organischer Peroxide nach HPLC-Trennung mit einem polarographischen sowie einem Differential-pulspolarographischen Detektor (Funk et al., 1987). Die Ergebnisse zeigen, daß die Peroxide bei verschiedenen Potentialen reduziert werden, die von der Molekülstruktur sowie dem eingesetzten Medium abhängig sind. Zum Beispiel werden Persäuren, ungesättigte und primäre, gesättigte Hydroperoxide in wäßriger Lösung bei leicht negativem Potential, tertiäre Hydroperoxide und Dialkylperoxide dagegen nur bei stark negativem Potential oder in einigen Fällen überhaupt nicht reduziert. Darüber hinaus werden organische Peroxyverbindungen unter stärker negativem Potential reduziert, wenn sie in organischer Lösung oder in organisch-wässrigen Lösungsmittelgemischen vorliegen.

Um die Empfindlichkeit und Selektivität der elektrochemischen Methode zu erhöhen, verwendeten Csöregi et al. (1994), Yang et al. (1994, 1995), Mulchandani et al. (1995) und Vreeke et al. (1995) eine Peroxidase-modifizierte Elektrode in einem amperometrischen Detektor. Die Oberfläche einer Glassy-Carbon-Elektrode war dabei mit einem Peroxidase-haltigen Redoxpolymerfilm belegt worden. Mit diese Peroxidase-Elektrode war die Empfindlichkeit 2 bis 10mal höher als mit einer Platin-Elektrode (Yang et al., 1995). Wasserstoffperoxid, Cumolhydroperoxid und 2-Butanonperoxid ließen sich gut nachweisen, Di-tert-butylperoxid lieferte dagegen keinen Response (Csöregi et al., 1994).

Die durch Peroxidase katalysierte elektrochemische Reduktion der Peroxide verläuft in organischer Lösung viel langsamer als in wäßriger Lösung (Yang und Murray, 1994). Die HPLC-Laufmittel sind jedoch üblicherweise Mischungen von Wasser und organischen

Lösungsmitteln, in manchen Fällen sogar reine organische Lösungsmittel. Dong und Guo (1994) sowie Wang und Mulchandani (1995) modifizierten aus diesem Grund die Peroxidase-Elektrode mit neuen Materialien, z. B. Polyhydroxyl-Zellulose, um für das Enzym eine geeignete wäßrige Mikroumwelt zu schaffen. Durch diese Modifikation ist eine rasche und empfindliche Response in organischen Lösungsmitteln zu erreichen. Die praktische Anwendbarkeit dieser Technik muß sich allerdings erst noch erweisen.

2.6.4. GC-Methoden

Mit den bisher beschriebenen drei Methoden können Peroxyverbindungen zunächst durch HPLC getrennt und entweder direkt nach der Säule oder nach vorheriger Derivatisierung mit Hilfe eines Detektors detektiert werden. Daneben werden GC-FID und GC-MS zur Bestimmung von Peroxiden eingesetzt. Im Hinblick auf die thermische Instabilität der Peroxide reduzierten Thomas et al. (1991) und Guido (1993) Lipidperoxide vor der Analyse mit GC-MS. Ulberth und Roubicek (1993) verwendeten Headspace-Gaschromatographie zur indirekten Detektion von Lipidperoxiden. Bei letztgenannter Methode werden Lipidperoxide zunächst durch Erhitzen zu flüssigen Komponenten (Pentan, Hexanal, trans-2-Heptenal) zersetzt, die dann mittels Headspace-GC quantitativ bestimmt werden. Darüber hinaus wurde die On-Column-Injektion zur Bestimmung von Ethylbenzylhydroperoxid (Stanescu et al., 1982) und Dodecyl-hydroperoxid (Reddy et al., 1992) angewandt.

3. Experimenteller Teil

3.1. Chemikalien

Reinstwasser:	Milli-Q-Plus-Anlage, Fa. Millipore, TOC < 10 ppb
Meerrettichperoxidase:	Fa. Merck
p-Hydroxyphenylessigsäure:	Fa. Merck
Wasserstoffperoxid:	35 % in Wasser, reinst, Fa. Merck
tert-Butylhydroperoxid:	70 % in Wasser, Fa. Merck
Di-tert-butylperoxid:	zur Synthese, Fa. Merck
Cumolhydroperoxid:	80 % in Cumol, Fa. Merck
tert-Butylcumolperoxid:	techn., Fa. Lancaster
tert-Butylperbenzoat:	zur Synthese, Fa. Merck
Methylhydroperoxid:	synthetisiert von Dr. W. V. Turner
Ethylhydroperoxid:	synthetisiert von Dr. W. V. Turner
2-Methyl-6-(p-methoxyphenyl)-3,7-dihydroimidazo[1,2-a]pyrazin-3-on:	Tokyo Kasei Kogyo Co., Ltd., Japan
Tris(acetylacetonato)-Cer(III):	Fa. Aldrich
Dichlormethan:	HPLC-grade, Fa. Riedel de Haen
Pentan:	für organische Spurenanalyse, Fa. Merck
Hexan:	für organische Spurenanalyse, Fa. Merck
Methanol:	Chromasolv, Fa. Riedel de Haen
Ethanol:	Chromasolv, Fa. Riedel de Haen
Acetonitril:	Chromasolv, Fa. Riedel de Haen
2-Amino-5-mercapto-1,3,4-thiadiazol:	zur Synthese, Fa. Merck
Pyridin-2,6-dicarbonsäure:	zur Synthese, Fa. Merck
Pyrazin-2-carbonsäureamid:	zur Synthese, Fa. Merck
Riboflavin:	Fa. Merck
Cytosin:	Fa. Merck
Bilirubin:	Fa. Merck

Alle Peroxide und die Meerrettichperoxidase wurden stets im Kühlschrank gelagert.

Herstellung der Peroxid-Standardproben

Zur Herstellung der Peroxid-Standardproben wurden zunächst einige Milligramm Peroxid im Meßkolben mit Acetonitril (zur Analyse mit HPLC) oder mit Dichlormethan (zur Analyse mit On-Column-GC) verdünnt. Diese Stammlösungen wurden je nach Bedarf zu Einzelstandards oder Standard-Gemischen bis zur gewünschten Konzentration mit Acetonitril oder Dichlormethan verdünnt. Bis zur Analyse wurden alle Stammlösungen und Standardproben im Kühlschrank gelagert, um die thermische Zersetzung zu minimieren.

3.2. Geräte und Hilfsmittel

HPLC-System

Laufmittelpumpe:	LC Pump Series 200, Perkin Elmer
Pumpe für Enzym:	LC Pump Series 10, Perkin Elmer
Pumpe für PES:	Model 302 Pump, Gilson Abimed
Detektor:	Fluoreszenzdetektor LC 240, Perkin Elmer
Autosampler:	Advanced LC Sample Processor ISS 200, Perkin Elmer
Injektionsvolumen:	10 µl
Säule:	LiChrospher 100, RP 18, 5 µm, 120 × 4 mm I.D., Merck
Vorsäule:	LiChrospher 100, RP 18, 5 µm, 4 × 4 mm I.D., Merck
Säulenofen:	Spark Holland Mistral, Temperatur: 10 °C
Photochemischer Reaktor:	Beam Boost, ICT, Lampe: 254 nm, Reaktorschleife: inerter Fluorkunststoff
Derivatisierungsreaktor:	spiralförmig gebogene Edelstahl-Kapillare im Wasserbad
Laufmittel:	A: Wasser/Acetonitril (70/30 v/v), B: Acetonitril
Reagenz 1:	p-Hydroxyphenylessigsäure (PES) in Reinstwasser
Reagenz 2:	Meerrettichperoxidase in Reinstwasser, Vorratsgefäß in Eiswasser-Bad
Steuerungs-, Datenaufnahme- und Auswertungssystem:	PC 486, Interfaces: 600 Series Link und 900 Series Interface
Steuerungs-, Datenaufnahme- und Auswertungssoftware:	Turbochrom Navigator, Version 4.0, Perkin Elmer

Automatischer Thermodesorber: ATD 400, Perkin-Elmer

GC-Kopplung:	Transferleitung: unbelegtes Rohr, Länge: 1,5 m, I.D.: 0,32 mm, beheizt, Verbindung über Push-Fit Connector
Temperaturen:	
Transferleitung	150 °C
Ventile	150 °C
Outlet Split:	1 : 10
Inlet Split:	1 : 40
Kryotrap:	Quarzrohr, Länge: 165 mm, I.D.: 3,0 mm
Adsorptionsröhrchen:	Edelstahl mit Metallsieb 100 mesh und Feder, 90 × 6,35 mm

GC-MS: HP 5989 A MS ENGINE, Hewlett Packard

Trägergas:	Helium 5.0, Fa. Linde, 1,0 ml/min
Säule:	HP 5 MS, Fused-Silica-Kapillare, Phase: Crosslink mit 5 % Phenylmethylsilikon, Länge: 30 m, I.D.: 0,2 mm, Filmdicke: 0,33 µm
Injektor:	split/splitless
Injektionsvolumen:	1 µl
Autosampler:	HP 7673
Kopplung:	direkte Kopplung
Ionisierung:	Elektronenstoß
Ionisierungsenergie:	70 eV
Quellentemperatur:	200 °C
Massentrennung:	Quadrupol
Quadrupoltemperatur:	100 °C
Datenauswertung:	MS ChemStation Software, HP G1034C
Datenaufnahmemodus:	Scan-Modus, Massenbereich von 45 bis 250; 36 scans/min

GC: HP 5890 Series II Plus, Hewlett Packard

Trägergas:	Helium 4.6, Fa. Linde
Injektor:	On-Column
Injektionsvolumen:	1 µl
Retentiongap:	ungepacktes, deaktiviertes Fused-Silica-Rohr, Länge: 10 m, I.D.: 0,32 mm, Fa. SGE
Säule:	HT 5, mit Siloxan-Carboran-Kopolymer als stationäre Phase, Länge: 25 m, I.D.: 0,32 mm, Filmdicke: 0,1 µm, Fa. SGE
Detektor:	Flammenionisationsdetektor (FID), Temperatur: 300 °C
Brenngase:	Wasserstoff 5.0, 32 ml/min; Synthetische Luft, 300 ml/min
Make-up-Gas:	Stickstoff 5.0, ca. 30 ml/min
Datenauswertung:	Chromatographie-Software HP ChemStation, Version A 03.34

SFE-System: AutoPrep 44 und AccuTrap, Suprex

überkritische Phase:	Kohlendioxid, SFE hochreinst, Fa. Linde
Extraktionszelle:	Edelstahlrohr mit Metallfilter-Deckeln, Porengröße: 2 µm, Volumen: 1,0 ml, I.D.: 9 mm; mit zusätzlichem PTFE-Filter, 0,2 µm Porengröße, Fa. Sartorius
Restriktor:	automatisch regelbarer Restriktor (VariFlow)
Kryotrap:	Edelstahlröhrchen, 70 × 4,5 mm I.D., Füllung: 300 mg Gemisch aus Unibeads und C18-Phase (50/50), Traptemperatur: -45 °C
Kühlmittel:	flüssiges Kohlendioxid, technisch, Fa. Linde
Modifier:	3 Vol.-% Dichlormethan bzw. 3 Vol.-% Methanol, Zugabe mit einer zusätzlichen Modifier-Pumpe, Suprex
Purge-Gas:	Stickstoff 5.0
Elutionsmittel:	0,3 ml Dichlormethan
Elutionstemperatur:	25 °C

Peroxid-Prüfgas-System

Gaskammer:	Glaskolben mit vier Flanschen, Volumen: 20 l
Vakuumpumpe:	Drehschieber-Vakuumpumpe BS2208, Fa. Edwards
Manometer:	Aktiv-Vakuum-Meßröhre PRM 10, Anzeigegerät Pirani 1001, Fa. Edwards
Ausgleichsgas:	Helium 4.6 (durch Aktivkohle-Filter) oder Laborluft
Probenkammer:	2 ml-Glaskolben, oder 2 ml-Gasmaus

Chemilumineszenz-Analysator

Autolumat LB 953, Fa. Berthold

Luftprobenahme

Desaga-Gasprobenehmer GS 212 mit Temperaturanzeige

Adsorbenzien

Carbotrap, 20-40 mesh, graphitisierter Kohlenstoff, Fa. Supelco

Carbotrap C, 20-40 mesh, graphitisierter Kohlenstoff, Fa. Supelco

Gase (Fa. Linde)

Helium 5.0, Trägergas für ATD und GC-MS

Helium 4.6, Trägergas für GC-FID, Ausgleichsgas für Prüfgaskolben und zur Entgasung der HPLC-Eluenten

Stickstoff 5.0, Make-up-Gas für GC-FID und Purge-Gas für SFE

Druckluft, technisch, zur Ventilsteuerung im ATD und in der SFE

Synthetische Luft, FID-Brenngas

Wasserstoff 5.0, FID-Brenngas

Kohlendioxid, SFE hochreinst, als überkritisches Fluid für SFE

Kohlendioxid, technisch, zur Kühlung der Kryotrap in der SFE

3.3. HPLC-Methode

Derivatisierungsreagenzien

Aufgrund der Instabilität von Meerrettichperoxidase (HRP) in Wasser wurden die wäßrigen HRP- und PES-Lösungen täglich vor der Analyse frisch hergestellt. Um die Abnahme der katalytischen Aktivität von Meerrettichperoxidase zu verlangsamen, wurde das Vorratsgefäß für die HRP-Lösung während des gesamten Analyseprozesses in ein Eiswasser-Bad gestellt.

Entgasen der Lösungen

Alle Lösungen wie Laufmittel und Derivatisierungsreagenzien für das HPLC-System wurden unmittelbar vor der Anwendung mindestens 5 Minuten lang mit Helium entgast. Die Laufmittel wurden danach während des gesamten Analyseprozesses stets von Luft isoliert unter Heliumdruck gehalten. Dies ist aus zwei Gründen notwendig: zum einen, um zu verhindern, daß die Fluoreszenzdetektion durch „Quenching"-Effekte des gelösten Sauerstoffs negativ beeinflußt wird (Calvert und Pitts, 1967), zum anderen, um die Bildung von „Artefaktperoxiden" bei UV-Bestrahlung in Gegenwart von Luftsauerstoff zu verhindern (siehe Kap. 4.2.2.).

Konditionierung des HPLC-Systems

Zur Konditionierung des HPLC-Systems wurden das Laufmittel und die Reagenzien unter den üblichen chromatographischen Bedingungen mindestens so lange gefördert, bis eine konstante Basislinie erhalten wurde. Darüber hinaus wurde bei Veränderung eines chromatographischen Parameters (z. B. Flußrate, Reagenzienkonzentration usw.) vor weiteren Analysen ebenfalls eine Äquilibrierungsphase von mindestens 10 bis 30 Minuten eingehalten.

Reinigen der Säule

Wird bei der Arbeit mit einem HPLC-System ein gegenüber dem Normalbetrieb deutlich erhöhter Druck beobachtet, so kann im allgemeinen davon ausgegangen werden, daß die Säule (mit organischem Material) kontaminiert ist. Zur Reinigung der Säule wurde wie folgt vorgegangen: Zunächst wurden die Systemteile, die zur Durchführung der Nachsäulenbestrahlung und -derivatisierung verwandt wurden, abgetrennt, dann wurde folgender Spülzyklus durchgeführt: 20 Minuten mit Laufmittel A (70 % Wasser, 30 % Acetonitril), 30 Minuten mit Laufmittel B (Acetonitril) und 20 Minuten wieder mit Laufmittel A. Anschließend wurde das HPLC-System wieder zusammengeschraubt und war dann - nach der üblichen Äquilibrierungszeit - wieder einsatzbereit.

HPLC-Parameter während eines Analysenlaufs

Photoreaktorschleife:	10 m × 0,3 mm I.D.
Derivatisierungsschleife:	3 m × 0,3 mm I.D.
Temperatur des Wasserbades für Derivatisierungsschleife:	35 °C
Reagenz 1:	40 µg/ml p-Hydroxyphenylessigsäure, 0,5 ml/min
Reagenz 2:	32 µg/ml Meerrettichperoxidase, 0,5 ml/min
Fluoreszenzdetektor:	λ_{ex} = 285 nm, λ_{em} = 400 nm

Tab. 3 Gradientenprogramm der Laufmittel

Schritt	Zeit [min]	Flußrate [ml/min]	Laufmittel A [Vol.-%]	Laufmittel B [Vol.-%]
1	3,0	1,0	100	0
2	22,0	1,0	0	100
3	8,0	1,0	0	100
4	3,0	1,0	100	0
5	4,0	1,0	100	0

3.4. On-Column-GC-Methode

Zur Herstellung der Peroxid-Standardlösungen wurde für die On-Column-GC-Methode Dichlormethan als Lösungsmittel verwendet (siehe Kap. 4.1.1.). Zur Minimierung von thermischer Zersetzung und Polymerisation wurden die Standards bis zur Analyse stets im Kühlschrank aufbewahrt (siehe Kap. 4.1.2.).

Um die Zersetzung organischer Peroxide auf der Säule während der Analyse zu minimieren, wurde die Analyse bei niedriger Anfangstemperatur und flachem Temperaturgradienten des Säulenofens durchgeführt. Das Temperaturprogramm ist in Tabelle 4 zusammengestellt. Um zu jeder Zeit eine optimale Trägergasgeschwindigkeit zu gewährleisten, wurde auch der Säulenvordruck programmiert (siehe Tab. 5).

Tab. 4 Temperaturprogramm der GC-Säule

Anfangstemperatur / Rate	**Endtemperatur**	**Haltezeit**
30 °C	/	7 min
4 °C/min	110 °C	2 min
15 °C/min	160 °C	1 min
30 °C/min	300 °C	7 min

Tab. 5 Säulenvordruckprogramm

Anfangsdruck / Rate	**Enddruck**	**Haltezeit**
0,10 bar	/	0,5 min
6,00 bar/min	0,25 bar	6,0 min
0,02 bar/min	0,45 bar	6,0 min
0,07 bar/min	0,90 bar	16 min

3.5. Erzeugung von Peroxid-Prüfgasen

Das zur Erzeugung von Peroxid-Prüfgasen verwendete System ist in Abbildung 6 schematisch dargestellt. Zur Reinigung der Gaskammer wurde diese jeweils vor der Erzeugung eines Prüfgases einmal bis zu einem Druck von ca. 0,3 mbar evakuiert und dann mit Helium wieder aufgefüllt. Zur Herstellung von Peroxid-Prüfgasen wurden 5,0 µl einer Peroxid-Standardlösung bekannter Konzentration (ca. 1 mg/ml) in die Probenkammer eingebracht, das Ventil zwischen Probenkammer und Gaskammer wurde geschlossen. Dann wurde die Gaskammer mit Hilfe einer Vakuumpumpe auf 0,3 mbar evakuiert, worauf das Ventil geöffnet wurde und die Probe 15 min lang in die Gaskammer hinein verdampfen konnte. Schließlich wurde die Gaskammer mit Helium wieder auf Atmosphärendruck gebracht. Das Druck-Gleichgewicht wurde durch einen Teflonfilm in der Heliumzuleitung angezeigt.

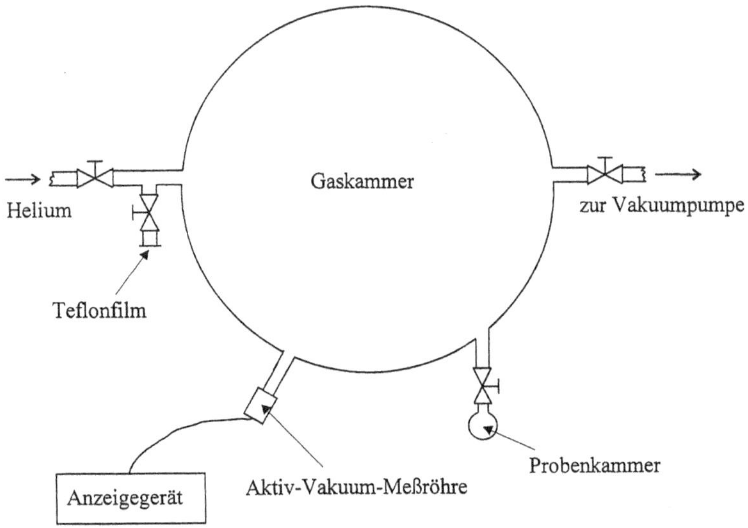

Abb. 6 Schematische Darstellung des Peroxid-Prüfgas-Systems

3.6. ATD-GC-MS-Methode

Zur Bestimmung organischer Peroxide wurde in vorliegender Arbeit eine ATD-GC-MS-Methode getestet. Dabei wurde das Peroxid-Prüfgas mit Hilfe von Adsorptionsröhrchen gesammelt, das dann mit Hilfe eines automatischen Thermodesorbers (ATD) wieder desorbiert wurde. Der ATD war direkt mit einem Gaschromatographen (GC) verbunden, in dem die Analyten getrennt und anschließend mit Hilfe eines direkt angekoppelten Massenspektrometers (MS) detektiert wurden.

3.6.1. Vorbereitung der Adsorptionsröhrchen und Probenahme

Die Edelstahlröhrchen wurden mit 150 mg Carbotrap C und 50 mg Carbotrap gefüllt, wobei die beiden Materialien durch eine Lage von wenigen Millimetern Quarzwolle voneinander getrennt wurden (siehe Abb. 7). Um sicherzustellen, daß alle Röhrchen unter dem gleichen Druck gefüllt wurden, wurde eine Vorrichtung verwendet, die über eine Kugelfeder den optimalen Enddruck anzeigte. Die Adsorbenzien wurden innerhalb der Röhrchen mit Hilfe von zwei Metallnetzen an ihrer Position gehalten. Das untere Netz war durch eine Nut im Röhrchen befestigt, das obere Netz wurde mit Hilfe einer Metallfeder fixiert. Zur Konditionierung wurden die befüllten Röhrchen im ATD in einem Heliumstrom von ca. 50 ml/min nacheinander je 30 min lang bei Temperaturen von 150, 200, 250 und 300 °C ausgeheizt. Kurz vor der Probenahme wurden die Röhrchen erneut 5 min bei der höchsten Temperatur konditioniert. Direkt nach dem Ausheizen wurden die Röhrchen noch im Gerät mit Teflonkappen verschlossen. Nach der Entnahme aus dem ATD wurden sie einzeln in Schraubgläsern mit Teflondichtung aufbewahrt. Die befüllten Röhrchen wurden mehrfach verwendet. Zur Vorbeugung von Artefakten wurden jedoch alle Röhrchen nach der Analyse jeweils 30 min lang bei der höchsten Temperatur erneut im Heliumstrom ausgeheizt und wiederum direkt vor der Probenahme nochmals jeweils 5 min. Die Effizienz dieser Reinigungsmaßnahmen wurde ständig durch die Analyse von Blindwerten kontrolliert.

Um eine starke Peakverbreiterung zu vermeiden, erfolgte im Thermodesorber eine Zwischenfokussierung bei -30 °C. Die Kryofalle im ATD wurde mit demselben Adsorbens-Material wie die Röhrchen versehen, allerdings wurden hier nur insgesamt ca. 20 mg Adsorbenzien verwendet. Diese wurden mit Hilfe von Quarzwolle im Glasrohr der Kryofalle fixiert und auch hier durch eine Lage von wenigen Millimetern Quarzwolle voneinander getrennt.

Für die Beprobung der Peroxid-Prüfgase wurden die Röhrchen in die Gaskammer eingebracht und mit Hilfe einer regelbaren Pumpe 2, 4 oder 6 Liter Prüfgas mit einer Flußrate von ca. 1 l/min in Richtung von Carbotrap C nach Carbotrap hindurch gesaugt (siehe Abb. 7).

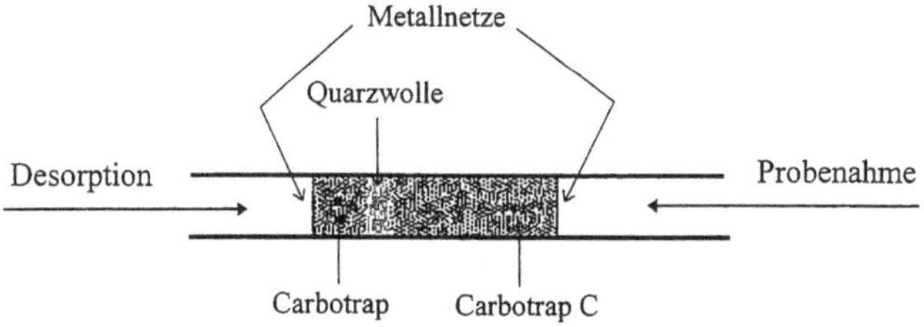

Abb. 7 Schematische Darstellung eines befüllten Adsorptionsröhrchens

3.6.2. Parameter eines Analysenlaufs

Die Röhrchen wurden dann im Ofen des ATD unter Durchströmung von Helium aufgeheizt. Die Strömungsrichtung war hier entgegengesetzt der bei der Probenahme (siehe Abb. 7). Die thermisch desorbierten Komponenten gelangten mit dem Trägergasstrom in die Kühlfalle, wo sie zur Zwischenfokussierung kondensiert wurden. Anschließend wurde die Falle sehr schnell aufgeheizt und die desorbierten Komponenten gelangten über eine Transferleitung ins GC. Um keine überladenen Peaks zu erhalten, mußte ein Teil der Probe nach der Kühlfalle über einen Outlet-Split abgeleitet werden. Das Temperaturprogramm des GC-Ofens ist in Tabelle 6 zusammengefaßt.

ATD-Parameter während eines Analysenlaufs

Desorptionstemperatur der Röhrchen:	150 °C
Desorptionszeit der Röhrchen:	5 min
Temperatur der Trap beim Kryofokussieren:	-30 °C
Desorptionstemperatur der Trap:	150 °C
Desorptionszeit der Trap:	5 min
Inlet-Split:	aus
Outlet-Split:	ein

Tab. 6 Temperaturprogramm der GC-Säule

Anfangstemperatur/Rate	Endtemperatur	Haltezeit
40 °C	/	6 min
4 °C/min	120 °C	0 min
24 °C/min	150 °C	0 min
30 °C/min	300 °C	4 min

3.7. Extraktion mit überkritischen Fluiden (SFE)

3.7.1. Vorbereitung der Adsorptionsröhrchen

Bei Anwendung der SFE zur Probenextraktion wurde eine Kombination aus 200 mg Carbotrap C und 100 mg Carbotrap (analog Abbildung 7) direkt in die 1 ml-Extraktionszellen für die SFE gefüllt, die dann als Adsorptionsröhrchen für die Luftbeprobung eingesetzt wurden. Die Adsorbenzien wurden mit Hilfe von zwei Metallfilter-Deckeln an ihrer Position gehalten; die befüllten Röhrchen wurden mehrfach verwendet. Für die Extraktion wurde zusätzlich ein 0,2 µm-PTFE-Filter am Ausgang des Extraktionsröhrchens eingesetzt, um den Austrag graphitischer Teilchen zu verhindern. Zur Konditionierung wurden die Röhrchen nach dem Befüllen einmal unter denselben Bedingungen wie bei der Probenextraktion extrahiert. Kurz vor jeder Probenahme wurden die Röhrchen erneut mit SFE konditioniert. Die Effizienz dieser Reinigungsmaßnahmen wurde ständig durch die Analyse von Blindwerten kontrolliert.

3.7.2. Darstellung der Standardproben

Die Darstellung der Peroxid-Standardproben wurde auf zwei verschiedene Arten durchgeführt. Bei der Gasdosierung wurde zunächst das Peroxid-Prüfgas in der Gaskammer hergestellt (siehe Kap. 3.5.) und, wie in Kapitel 3.6.1. beschrieben, 2 oder 4 Liter Prüfgas durch die Röhrchen gesaugt. Bei der Flüssigdosierung wurden 5 µl einer Standardlösung organischer Peroxide mit Hilfe einer Spritze auf die Adsorbermatrix im Röhrchen von der Carbotrap-Seite her aufgegeben. Danach wurde der Metallfilter-Deckel dieser Seite wieder eingesetzt.

3.7.3. SFE-Parameter

Zur vollständigen Reinigung der Kryotrap im SFE-System wurde sie vor jedem Extraktionslauf zusätzlich mit 4 ml Elutionsmittel gespült. Anfänglich wurde nur in einem dynamischen Verfahren extrahiert. Um jedoch das Erreichen der vorgewählten Temperatur der Kryotrap (-45 °C) zu Beginn des dynamischen Verfahrens sicherzustellen, wurde später vor dem dynamischen Verfahren zusätzlich eine statische Extraktion durchgeführt. Die Extraktionszellen wurden in derselben Richtung von Extraktionsmittel durchströmt wie bei der Thermodesorption.

Tab. 7 SFE-Parameter während eines Extraktionslaufs

Schritt	Verfahren	Flußrate [ml/min]	Zeit [min]	Druck [atm]	Modifier [Vol.- %]	Temperatur [°C]	Auffang-Methode
Eq	Stat	0		400	0	35	
1	Stat	0	1	400	0	35	1
2	Dyn	1,0	30	400	3,0	35	2

<u>Auffang-Methode 1</u>

Temperatur der Falle: -45 °C

Temperatur des Restriktors: 25 °C

Elutionstemperatur: -45 °C

Volumen: 0 ml

Spülen: -

<u>Auffang-Methode 2</u>

Temperatur der Falle: -45 °C

Temperatur des Restriktors: 25 °C

Elutionstemperatur: 25 °C

Volumen: 0,3 ml Flußrate: 0,5 ml/min

Spülen: 2mal

Volumen: je 1,0 ml Flußrate: 1,0 ml/min

3.8. Anwendung der Methoden

3.8.1. Untersuchung der thermischen Stabilität von DTBP

Zur Untersuchung der thermischen Stabilität von DTBP in Luft bei Raumtemperatur wurde zunächst ein DTBP-Prüfgas nach dem in Kapitel 3.5. beschriebenen Verfahren hergestellt. Das Prüfgas wurde dann vor der Probenahme bei Raumtemperatur eine bestimmte Zeit lang stehengelassen, die von einer Stunde bis zu einer Woche variierte. Das Prüfgas wurde dann mit Hilfe von Adsorptionsröhrchen beprobt und mit dem ATD-GC-MS-System analysiert; Probenahme und Analyse wurden wie in Kapitel 3.6. beschrieben durchgeführt. Die Herstellung des Prüfgases erfolgte jeweils mit Helium und Laborluft als „Ausgleichsgas", um den Einfluß der in Luft vorhandenen Substanzen auf die Stabilität von DTBP zu ermitteln.

3.8.2. Bestimmung organischer Peroxide in Umgebungsluft

Die mit Adsorbenzien gefüllten SFE-Extraktionszellen wurden zur Bestimmung organischer Peroxide in Luft als Adsorptionsröhrchen verwendet, deren Vorbereitung in Kapitel 3.7.1. dargestellt ist. Bei der Probenahme wurden der PTFE-Filter und der obere Metallfilter-Deckel (auf der Carbotrap C Seite) entfernt, um den Strömungswiderstand zu reduzieren; es wurde mit Hilfe einer regelbaren Pumpe 60 bis 180 Liter Luft je nach konkreter Situation durch die Röhrchen gesaugt. Sofort nach der Probenahme wurden der PTFE-Filter und der obere Metallfilter-Deckel in das Röhrchen eingesetzt.

Die Proben wurden dann mit SFE extrahiert; die SFE-Parameter sind in Kapitel 3.7.3. dargestellt. Die Extrakte wurden unmittelbar anschließend mit dem in den Kapiteln 3.2. und 3.3. dargestellten HPLC-System analysiert.

3.8.3. Bestimmung von Restperoxiden in Kunststoffen

Zur Bestimmung von Restperoxiden in Kunststoffen wurden jeweils ca. 60 g des jeweiligen Kunststoff-Granulats in einen 150 ml-Kolben gegeben, der als Probenkammer (siehe Abb. 6) mit der Gaskammer verbunden wurde. Die Gaskammer wurde auf 0,3 mbar evakuiert, worauf das Ventil zwischen der Probenkammer und der Gaskammer geöffnet wurde, um flüchtige Substanzen im Kunststoff in die Gaskammer ausgasen zu lassen. Dabei wurde das Granulat im Kolben mit Hilfe eines Magnetrührers gerührt. Nach einer Stunde wurde die Gaskammer mit Helium, das durch die Probekammer strömte, auf Atmosphärendruck aufgefüllt. Die Gasphase wurde wie beschrieben mit den SFE-Extraktionszellen beprobt, nach der SFE wurde die Probe mit HPLC analysiert.

3.9. Auswertung der analytischen Daten

Für die Auswertung der analytischen Daten sowie zur Beurteilung und Charakterisierung von Analyseverfahren und Analyseergebnissen wurden die folgenden Definitionen und Formeln herangezogen (Doerffel, 1987).

Lineare Regression

Die Verfahrenskalibrierung errechnet sich durch lineare Regression:

$$y = a \cdot x + b$$

$$a = \frac{n \cdot \sum(x_i \cdot y_i) - \sum x_i \cdot y_i}{n \cdot \sum x_i^2 - (\sum x_i)^2}$$

$$b = \frac{\sum y_i \cdot \sum x_i^2 - \sum x_i \cdot \sum(x_i \cdot y_i)}{n \cdot \sum x_i^2 - (\sum x_i)^2}$$

y: Meßwert

x: Konzentration der Substanz

a: Steigung der Kalibrierfunktion

b: errechneter Blindwert

y_i: Meßwert der Probe i

x_i: Konzentration der Probe i

n: Anzahl der Wertepaare

Die Steigung ist eine Größe, die die Empfindlichkeit des analytischen Verfahrens quantifiziert. Der errechnete Blindwert eines analytischen Verfahrens ist der Meßwert bei Abwesenheit einer Konzentration.

Pearsonscher Korrelationskoeffizient

Der Koeffizient r ist ein dimensionsloser Index mit dem Wertebereich $-1{,}0 \leq r \leq 1{,}0$ und ein Maß dafür, inwieweit eine lineare Abhängigkeit zwischen zwei Datensätzen besteht.

$$r = \frac{\sum[(x_i - \bar{x})(y_i - \bar{y})]}{\sqrt{\sum(x_i - \bar{x})^2 \cdot \sum(y_i - \bar{y})^2}}$$

x_i: Konzentration der Probe i

y_i: Meßwert der Probe i

$\bar{x}$: Mittelwert der Konzentration x_i

$\bar{y}$: Mittelwert des Meßwertes y_i

Standardabweichung

Die Standardabweichung ist einer der wichtigsten statistischen Kennwerte zur Abschätzung der Streuung von Analyseergebnissen. Häufig wird statt der absoluten Standardabweichung die relative angegeben, da sie den Vergleich der Leistungsfähigkeit von Analyseverfahren erlaubt.

$$s = \sqrt{\frac{\sum(x_i - \bar{x})^2}{n - 1}}$$

$$s_{rel} = \frac{s}{\bar{x}} \cdot 100\%$$

s: Standardabweichung

s_{rel}: relative Standardabweichung

x_i: Meßwert

$\bar{x}$: Mittelwert

n: Anzahl der Messungen

4. Methodenentwicklung

4.1. GC-Bestimmung organischer Peroxide mit On-Column-Technik

Da Peroxide thermisch instabile Verbindungen sind, werden sie bei der hohen Injektortemperatur eines Gaschromatographen in der Regel zersetzt, was dazu führt, daß Peroxide mit Standard-GC-Methoden nicht analysiert werden können. Aus diesem Grund reduzierten Thomas et al. (1991) und Guido (1993) Lipidperoxide, um sie dann mit einer GC-MS-Methode zu analysieren. Auch die Headspace-Gaschromatographie wurde zur indirekten Bestimmung von Lipidperoxiden verwendet (Ulberth und Roubicek, 1993). Bei dieser Methode werden Lipidperoxide zunächst durch Erhitzen zu flüchtigen Komponenten (Pentan, Hexanal, trans-2-Heptenal) zersetzt, die dann mittels Headspace-GC quantitativ bestimmt werden. Für die qualitative und quantitative Bestimmung organischer Peroxide in Umweltproben eignen sich die zwei genannten GC-Methoden nicht, da Umweltproben im allgemeinen ein sehr komplexes Stoffgemisch darstellen und die GC-Methoden wenig selektiv sind.

Jedoch könnte mit der Technik der kalten On-Column-Injektion die Analyse flüchtiger organischer Peroxide mit GC ermöglicht werden. Diese Technik wurde bereits erfolgreich zur Bestimmung von Ethylbenzylhydroperoxid (Stanescu et al., 1982) und Dodecylhydroperoxid sowie seiner Zersetzungsprodukte (Reddy et al., 1992) angewandt. Mit der Frage, ob es auf der Trennsäule während des Temperaturgradienten zur deutlichen thermischen Zersetzung organischer Peroxide kommt und ob mit Hilfe der On-Column-Injektion flüchtige organische Peroxide durch Gaschromatographie quantitativ bestimmt werden können, beschäftigt sich das folgende Kapitel dieser Arbeit.

4.1.1. Alternative Strategien

Beim Einsatz der On-Column-Injektion kommt es infolge der Bildung eines Lösungsmittel-Films in der analytischen Säule zu Problemen mit verbreiterten, anormalen oder sogar aufgespaltenen Substanzpeaks (Grob Jr., 1982, 1983; Grob Jr. und Müller, 1982). Durch Vorschalten einer deaktivierten, ungepackten Fused-Silica- oder Glas-Kapillare, dem sogenannten Retentiongap, konnten diese Probleme gelöst werden (Grob Jr., 1982, 1983; Grob Jr. und Müller, 1982; Mol et al., 1995). Im Rahmen dieser Arbeit wurde ein 10 m langes Retentiongap eingesetzt.

Um die thermische Zersetzung organischer Peroxide zu minimieren, soll die Temperatur des On-Column-Injektors und Säulenofens zu Beginn des Temperaturgradienten so niedrig wie möglich sein. So wurde die Anfangstemperatur des Säulenofens auf 30 °C, die Temperatur des Injektors zum Zeitpunkt der Injektion auf 33 °C eingestellt. Die minimal erreichbare Injektortemperatur beim verwendeten GC-Gerät betrag 30 °C, die jedoch, insbesondere im Sommer, sehr schwer zu erreichen war.

Bei derart niedriger Injektor- und Säulenofentemperatur zu Beginn der Trennung ist ein Lösungsmittel mit einem entsprechend niedrigen Siedepunkt erforderlich. Der Siedepunkt des Lösungsmittels muß entscheidend niedriger sein als der der leichtflüchtigen organischen Peroxide wie z. B. tert-Butylhydroperoxid (TBHP) und Di-tert-butylperoxid (DTBP). Damit ist einerseits sowohl die Ausbildung eines Lösungsmittel-Filmes im Retentiongap (Lösungsmittel-Effekt) (Grob Jr., 1983; Mol et al., 1995) als auch eine gute Trennung von Lösungsmittel und leichtflüchtigen organischen Peroxiden gewährleistet. Andererseits ist sicherzustellen, daß bei der Anfangstemperatur des Säulenofens von 30 °C der Film des Lösungsmittels nicht auf die stationäre Phase der analytischen Säule gelangt. Aus diesem Grund wurde Dichlormethan mit einem Siedepunkt von 40 °C für die GC-Methode mit On-Column-Injektion als Lösungsmittel für organische Peroxide ausgewählt. Die Siedetemperatur von 40 °C garantiert auch, daß sich bei 30 °C unter normaler Injektionsgeschwindigkeit ein Film des Lösungsmittels auf der Oberfläche des Retentiongaps bildet. Die Experimente zeigten, daß Dichlormethan für diese Methode ein geeignetes Lösungsmittel darstellt, während die höher siedenden Lösungsmittel, wie z. B. Methanol, Acetonitril und Chloroform, nicht geeignet sind, da bei ihrer Verwendung ein Lösungsmittelfilm auf der stationären Phase der Trennsäule gebildet wird, woraus anormale Analytpeaks und ein stark verbreiterter Lösungsmittelpeak resultieren, der die Peaks leichtflüchtiger Peroxide überlappt.

4.1.2. Zersetzung von Peroxiden auf der Trennsäule

Bei Anwendung der On-Column-Injektion kommt es zu keiner Zersetzung von Peroxiden zum Zeitpunkt der Injektion, da die Injektionstemperatur, wie oben beschrieben, nur 33 °C beträgt und der Injektionsvorgang sehr kurz ist. Daß flüchtige organische Peroxide mit dieser GC-Methode bestimmt werden können, ist dann vor allem nur noch davon abhängig, ob die Peroxide die Trennsäule unzersetzt passieren. Zur Ermittlung der Zersetzung auf der Trennsäule wurden die untersuchten organischen Peroxide jeweils einzeln injiziert. Um die Zersetzung auf der Säule zu minimieren, wurde die Temperatur des Säulenofens nicht nur zu Beginn auf nur 30 °C eingestellt sondern auch nur langsam gesteigert (detailliertes Temperaturprogramm des Säulenofens siehe Kap. 3.4.). Um sicherzustellen, daß möglichst alle höher siedenden Verbindungen von der Säule eluiert werden, wurde der Säulenofen bis auf 300 °C aufgeheizt und diese Temperatur dann ein paar Minuten gehalten.

Alle Versuche mit der in dieser Arbeit untersuchten Peroxide lieferten ähnliche Ergebnisse. Bis auf die Peaks des Lösungsmittels Dichlormethan und des darin gelösten Peroxids war im Chromatogramm kein weiterer Peak zu identifizieren (siehe Abb. 8 und 9), unabhängig davon bei welcher Temperatur das Peroxid von der Säule eluiert wurde. Das heißt, daß sich keine Zersetzungsprodukte des injizierten Peroxids im Chromatogramm zeigten. Das Chromatogramm von Cumolhydroperoxid (CHP) zeigt neben CHP auch einen Peak von Cumol, da das als Vergleichssubstanz verwendete CHP 30% Cumol enthält.

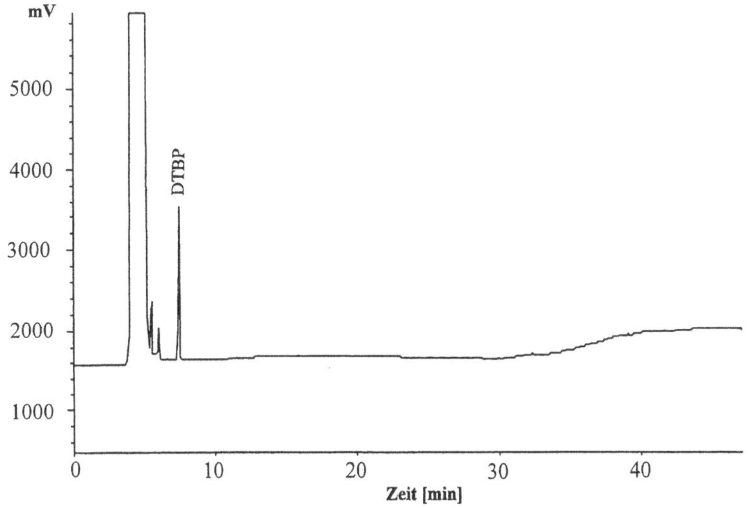

Abb. 8 GC-FID-Chromatogramm von Di-tert-butylperoxid mit On-Column-Injektion

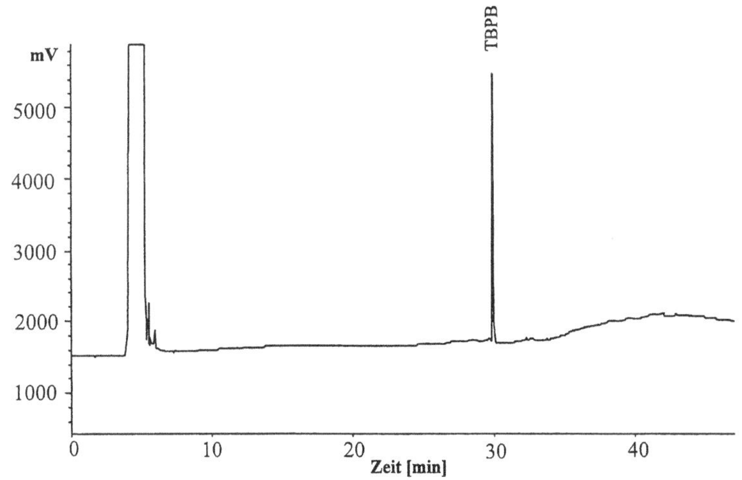

Abb. 9 GC-FID-Chromatogramm von tert-Butylperbenzoat mit On-Column-Injektion

Di-tert-butylperoxid (DTBP) und tert-Butylperbenzoat (TBPB) werden hier als Beispiele diskutiert. DTBP wird im Temperaturbereich von 30 bis 34 °C in ca. 8 Minuten eluiert (siehe

Abb. 8). Nach Mair und Hall (1971) zersetzt sich DTBP bei dieser Temperatur nur ganz geringfügig, wenn die stationäre Phase der Trennsäule die Zersetzung nicht katalytisch beschleunigt. Daher zeigen sich im Chromatogramm auch keine Peaks von Zersetzungsprodukten des DTBP. Die zwei kleinen Peaks neben dem Lösungsmittel-Peak stammen aus dem Dichlormethan; sie zeigen sich auch, wenn nur das Lösungsmittel injiziert wird (siehe Abb. 10), stellen also Verunreinigungen des Dichlormethans dar.

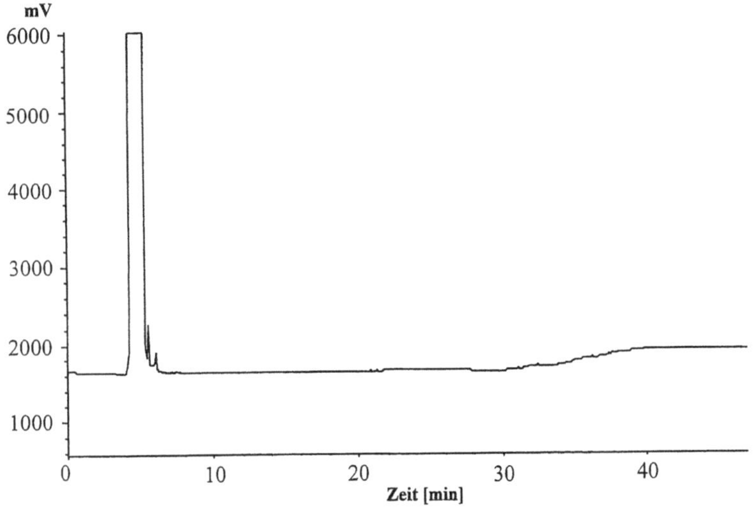

Abb. 10 GC-FID-Chromatogramm des Lösungsmittels Dichlormethan mit On-Column-Injektion

TBPB dagegen hat eine höhere Retentionszeit von ca. 30 min (siehe Abb. 9). Innerhalb dieser Zeit steigt die Temperatur des Säulenofens von 30 °C auf etwa 120 °C an (Temperaturprogramm des Säulenofens siehe Kap. 3.4.). Nach Mair und Hall (1971) beträgt die Halbwertszeit von TBPB bei 90 °C 58 Stunden und bei 110 °C ca. 4 Stunden. Die Substanz verweilte auf der Säule etwa 22 min unterhalb 90 °C und 8 min oberhalb 90 °C. Grob abgeschätzt werden dabei höchstens 2% des TBPB auf der Säule thermisch zersetzt. Es werden dabei entweder zu wenig Zersetzungsprodukte gebildet, um sie nachweisen zu können, oder sie werden mit dem TBPB zusammen von der Säule eluiert. Da die Zersetzung von TBPB überwiegend bei höherer Temperatur auftritt, d. h. während der letzten Minuten auf der Säule, könnten TBPB und seine Zersetzungsprodukte innerhalb dieser kurzen Zeit möglicherweise nicht mehr getrennt worden sein.

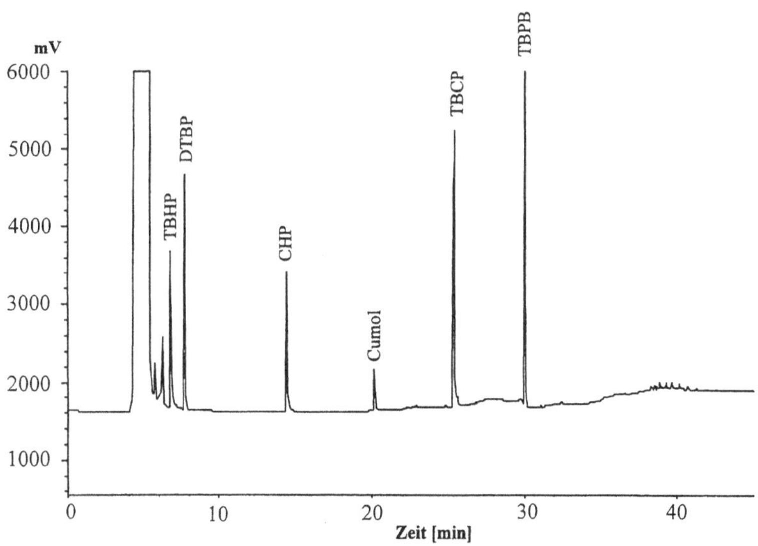

Abb. 11 GC-FID-Chromatogramm eines Gemisches organischer Peroxide mit On-Column-Injektion (Injektion unmittelbar nach Herstellung der Standardprobe)

Aus Abbildung 11 ist zu ersehen, daß von keinem der untersuchten Peroxide Zersetzungsprodukte im GC-Chromatogramm auftraten. Das heißt, daß sich die untersuchten Verbindungen unter den gegebenen Bedingungen auf der Säule nicht nennenswert zersetzen und/oder die Zersetzungsprodukte mit dem Peroxid zusammen von der Säule eluiert werden, was für alle Substanzen unwahrscheinlich ist. Daraus resultiert, daß flüchtige organische Peroxide, zumindest die im Rahmen dieser Arbeit untersuchten, mit GC und On-Column-Injektion bestimmt werden können. In Abbildung 11 sind einige kleinere Peaks bei hoher Retentionszeit, entsprechend hoher Temperatur des Säulenofens, zu sehen. Diese Peaks resultieren allerdings nicht aus auf der Säule gebildeten Zersetzungsprodukten organischer Peroxide; ihre Herkunft wird im folgenden Kapitel diskutiert.

4.1.3. Herkunft der unbekannten Peaks

Im Standard-Chromatogramm tritt nach ca. 37 min, bei einer Temperatur des Säulenofens von ca. 300 °C, eine Anzahl regelmäßiger Peaks auf, die um so größer wurden, je länger die Standardprobe vor der Injektion bei Raumtemperatur gelagert wurde (siehe Abb. 12). Dieses Phänomen ist unabhängig vom eingesetzten Peroxid.

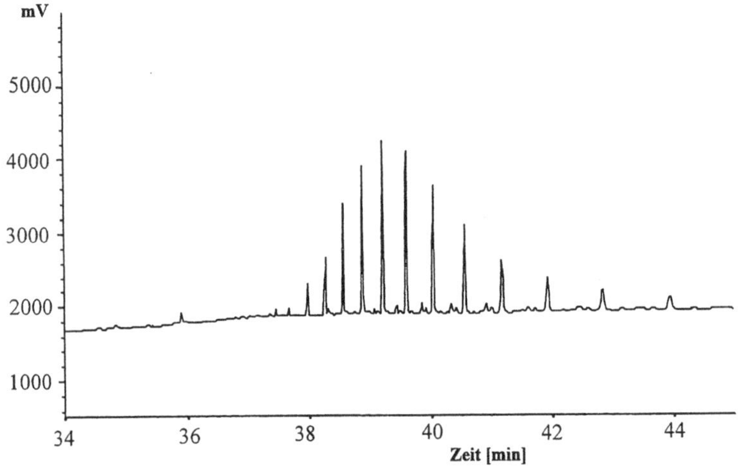

Abb. 12 Die bei hoher Temperatur des Säulenofens auftretenden Peaks, nachdem die Standardprobe einige Zeit bei Raumtemperatur stehen gelassen wurde.

In Abbildung 13 ist die Vergrößerung dieser Peaks in einem DTBP-Chromatogramm mit zunehmender Lagerungszeit bei Raumtemperatur dargestellt. Die Lagerungszeit des DTBP-Standards betrug 15 min (a) bis 270 min (f).

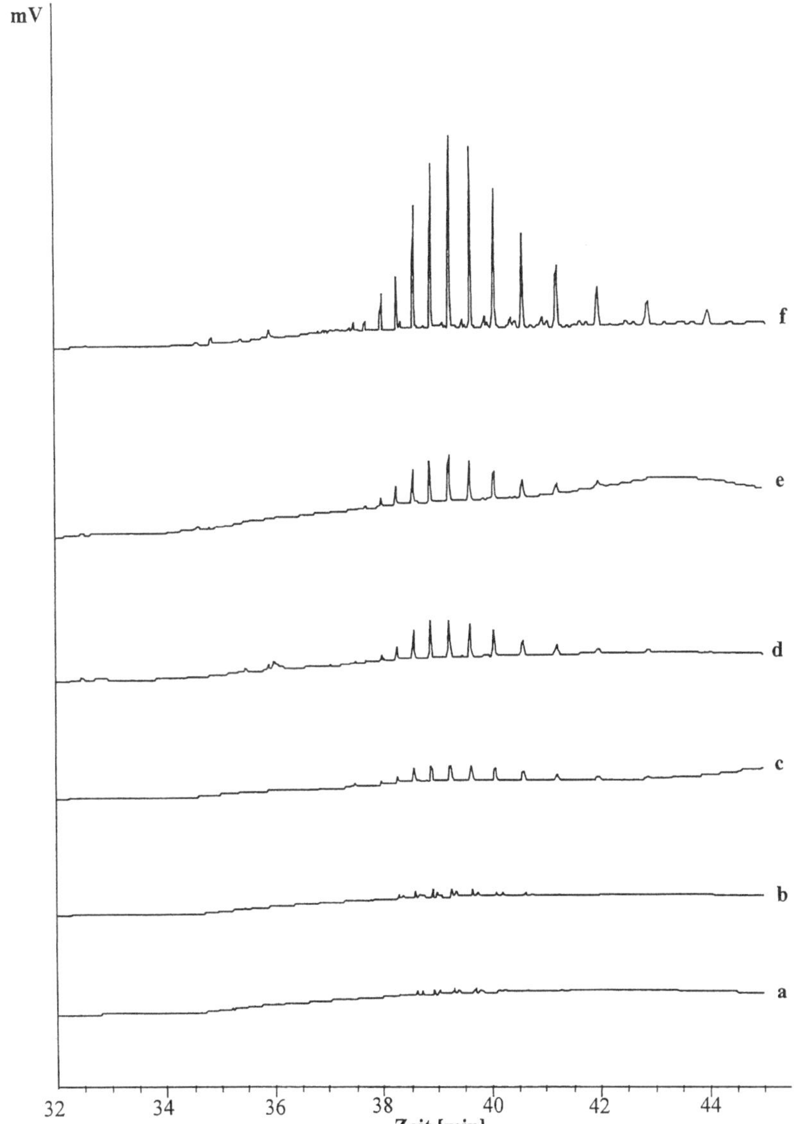

Abb. 13 Vergrößerung der Peaks mit hoher Retentionszeit im Chromatogramm einer DTBP-Standardprobe in Dichlormethan mit zunehmender Lagerungszeit bei Raumtemperatur bei jeweils gleicher Detektorempfindlichkeit (a: 15 min, b: 30 min, c: 60 min, d: 120 min, e: 150 min, f: 270 min)

Wurde eine Standardprobe 24 h lang bei Raumtemperatur stehen gelassen, konnten die in Abbildung 14 dargestellten riesigen „Peakgebirge“ beobachtet werden. Nach einer halbstündigen Erwärmung einer Standardprobe bei 35 °C zeigte sich ein ähnliches Chromatogramm. Die unbekannten Substanzen nehmen also zu, je höher die Lagerungstemperatur und je länger die Lagerungsdauer der Peroxid-Standardprobe ist, unabhängig davon, welches der untersuchten organischen Peroxide in Dichlormethan gelöst wird.

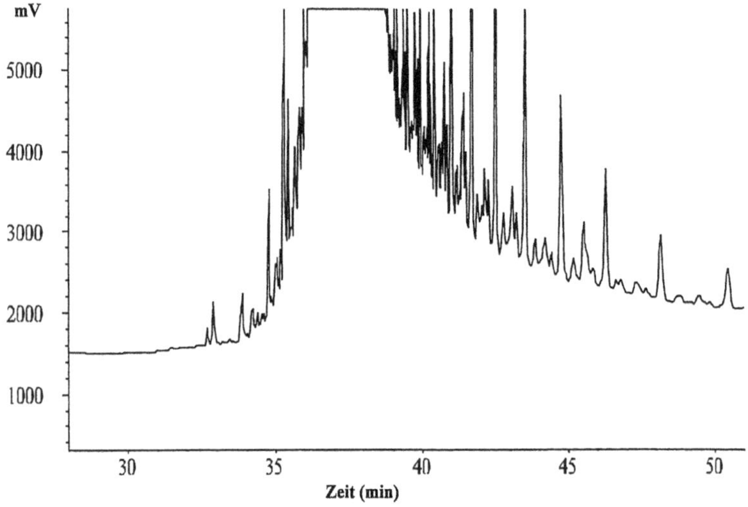

Abb. 14 Die bei hoher Säulenofentemperatur auftretenden Peaks nach 24-stündigem Stehenlassen eines DTBP-Standards bei Raumtemperatur

Wurde die Standardprobe eines einzelnen Peroxids nach dessen Herstellung sofort analysiert oder die Standardprobe nach der Herstellung sofort im Kühlschrank gelagert und nach einigen Tagen oder sogar einem Monat analysiert, zeigten sich im Chromatogramm keine dieser Peaks (siehe Abb. 8 und 9). Bei der Analyse einer Standardprobe des Gemisches organischer Peroxide unmittelbar nach dessen Herstellung waren im Chromatogramm einige kleine Peaks festzustellen (siehe Abb. 11), die damit zu erklären sind, daß die Herstellung der Standardprobe des Gemisches längere Zeit in Anspruch nahm.

Aus den beschriebenen Beobachtungen wird deutlich, daß die Substanzen, die zu den bei hohen Retentionszeiten auftretenden regelmäßigen Peaks führen, nicht auf der Trennsäule während der Analyse sondern bereits nach Herstellung der Peroxid-Standardprobe und vor der Analyse gebildet wurden.

Zur Vereinfachung sollen diese Peaks im folgenden als Geisterpeaks bezeichnet werden. Die sie verursachenden, vor der Analyse im Lösungsmittel gebildeten Substanzen sind offensichtlich keine Zersetzungsprodukte organischer Peroxide, sondern vermutlich Polymere, die durch radikalisch ausgelöste Polymerisation von Reaktionsprodukten (z. B. Carbene) des Lösungsmittels gebildet werden. Diese Annahme stützt sich auf folgende Beobachtungen: Zum einen war keine Abnahme der Peakfläche des Peroxids mit Vergrößerung der Geisterpeaks festzustellen. Nur wenn sich die Geisterpeaks infolge Langzeitlagerung bei Raumtemperatur oder Erwärmung der Standardprobe erheblich vergrößerten (siehe Abb. 14), nahm die Peakfläche des Peroxids leicht ab. Da es sehr unwahrscheinlich ist, daß eine so geringe Zersetzung des Peroxids derart große Peaks erzeugt, kann man mit großer Sicherheit annehmen, daß die Geisterpeaks nicht auf Zersetzungsprodukte der Peroxide zurückzuführen sind. Zum zweiten weisen die Geisterpeaks sich regelmäßig vergrößernde Abstände, entsprechend den Unterschieden im Siedepunkt bzw. Molekulargewicht, und näherungsweise eine Normalverteilung der Intensität auf (siehe Abb. 12 und 13). Dies sind charakteristische Anzeichen dafür, daß es sich um Polymere handelt. Die Chromatogramme von Polyoxyethylen zeigen zum Beispiel eine ähnliche Verteilung der Molekulargewichte (Miszkiewicz und Szymanowski, 1996). Die Zersetzungsprodukte organischer Peroxide besitzen dagegen keine so regelmäßige Molekulargewichtsverteilung. Zum dritten werden die Geisterpeaks bei ca. 300 °C eluiert, was auf einen hohen Siedepunkt der Substanzen hinweist. Dies unterstützt ebenfalls die Annahme, daß es sich dabei um Polymere handelt. Die Zersetzungsprodukte organischer Peroxide besitzen in der Regel keinen so hohen Siedepunkt.

Für die Bildung der Polymere wird folgender Mechanismus vermutet: Peroxide bilden durch homolytische Spaltung der O–O-Bindung leicht Radikale. Obwohl die Konzentration der Radikale in Lösung äußerst gering ist, können sie trotzdem zur sogenannten α-Elimination von Dichlormethan unter Bildung von Carbenen führen, die infolge ihrer außerordentlich großen Reaktionsfähigkeit entweder sofort direkt polymerisieren oder zu Doppelverbindungen reagieren; die so gebildeten Alkene polymerisieren dann unter Wirkung der Radikale weiter. Bei niedrigerer Temperatur laufen diese Reaktionen sehr langsam ab. Daher konnte durch Aufbewahrung der in Dichlormethan gelösten Peroxidproben im Kühlschrank die Polymer-Bildung weitgehend unterdrückt werden.

Äußerst geringe Mengen an Radikalen aus der Zersetzung von Peroxid können so zu einer großen Menge an Polymeren führen. Die oben beschriebenen Erscheinungen können so widerspruchslos gedeutet werden.

Bei Verwendung von Acetonitril oder Methanol als Lösungsmittel für die Peroxid-Standards wurden keine Geisterpeaks beobachtet, wenn die Standardprobe entweder bei Raumtemperatur einige Zeit gelagert oder erwärmt wurde. Wurden jedoch Hexan oder Pentan verwendet, zeigten sich ähnliche Erscheinungen wie bei Lösung der Standardprobe in Dichlormethan. Dies bestätigt weiter die Annahme, daß die vor der Analyse im Lösungsmittel gebildeten Substanzen keine Zersetzungsprodukte des Peroxids, sondern Polymere von Reaktionsprodukten des Lösungsmittels sind.

Obwohl Acetonitril und Methanol als Lösungsmittel für diese GC-Methode zur Bestimmung flüchtiger organischer Peroxide keine Geisterpeaks erzeugen, eignen sie sich wegen ihrer verhältnismäßig hohen Siedetemperatur für diese Methode nicht (siehe Kap. 4.1.1.).

4.1.4. Druckprogrammierung

Neben der Temperatur hat auch die Trägergasgeschwindigkeit in der Säule einen Einfluß auf deren Trennleistung; sie kann durch Variation des Säulenvordrucks kontrolliert werden. Es wurde beobachtet, daß nur bei niedriger Trägergasgeschwindigkeit die leichtflüchtigen organischen Peroxide gut vom Lösungsmittel zu trennen waren. Diese niedrige Trägergasgeschwindigkeit ist jedoch für die schwerer flüchtigen Peroxide ungeeignet, da sie zur Peakverbreiterung und einer sehr langen Analysendauer führt. Daher wurde auch der Säulenvordruck programmiert, um zu jeder Zeit eine für die Trennung optimale

Trägergasgeschwindigkeit zu erhalten. Das in Tabelle 5 zusammengestellte Säulenvordruckprogramm erwies sich als das für diese Anwendung geeignetste.

4.1.5. Nachweisgrenze, linearer Bereich und Reproduzierbarkeit

Als Nachweisgrenze wird die Konzentration des Analyten bezeichnet, die einen Peak erzeugt, dessen Höhe der dreifachen Standardabweichung des Grundsignals des analytischen Systems entspricht. Mit frisch hergestellten Standardproben wurde die Nachweisgrenze für die Bestimmung der Peroxide ermittelt. Zur Ermittlung der Reproduzierbarkeit des Systems sowie des linearen Bereiches der Response wurden Peroxid-Standardproben im untersuchten Konzentrationsbereich jeweils 10mal analysiert und die Mittelwerte der einzelnen Peakflächen sowie die zugehörige Standardabweichung berechnet; Nachweisgrenze, relative Standardabweichung sowie linearer Bereich sind in Tabelle 8 zusammengefaßt.

Tab. 8 Nachweisgrenze, linearer Bereich, Korrelationskoeffizient und relative Standardabweichung (RSD) für die Bestimmung organischer Peroxide mit GC/On-Column-Injektion

Peroxid	Nachweisgrenze	linearer Bereich	Korrelationskoeffizient	RSD [%]
TBHP	0,7 μg/ml	2,1 -110 μg/ml	0,9992	8,9
CHP	0,9 μg/ml	2,7 - 100 μg/ml	0,9996	9,7
DTBP	0,3μg/ml	0,9 - 125 μg/ml	0,9994	8,9
TBPB	0,3 μg/ml	0,9 - 124 μg/ml	0,9987	11
TBCP	0,2 μg/ml	0,6 - 100 μg/ml	0,9975	12

4.1.6. Zusammenfassung

Mit On-Column-Injektion und bei Verwendung eines Retentiongaps können flüchtige organische Peroxide mit einer gaschromatographischen Methode bestimmt werden, wenn die Injektions- und Anfangstemperatur des Säulenofens so niedrig wie möglich und die Aufheizrate des Säulenofens langsam sind. Unter den gegebenen Bedingungen konnte keine thermische Zersetzung der untersuchten Peroxide auf der Säule während der Analyse festgestellt werden, zumindest wurde keine Beeinflussung der Analyse durch thermische Zersetzung der untersuchten Peroxide auf der Säule beobachtet. Die beschriebene GC-Methode zur Bestimmung flüchtiger organischer Peroxide ist einfach, jedoch wenig selektiv. Es wurde beobachtet, daß Dichlormethan in Anwesenheit von Peroxiden bei Raumtemperatur unter Bildung von Polymeren reagiert. So ist es nötig, die in Dichlormethan gelöste Peroxidprobe vor der Analyse im Kühlschrank aufzubewahren.

4.2. HPLC-Bestimmung mit Hilfe der Nachsäulen-Bestrahlung und -Derivatisierung

4.2.1. Design des analytischen Systems

Wie in Kapitel 2.6. bereits erwähnt, existiert zur Bestimmung von Wasserstoffperoxid und organischen Peroxiden eine Reihe von Methoden. Bei den meisten erfolgt zunächst eine Derivatisierung organischer Peroxide unter Bildung von Spezies, die anschließend mit Hilfe eines UV-, Fluoreszenz- oder Chemilumineszenz-Detektors detektiert werden (Gunz und Hoffmann, 1990). Diese Methoden eignen sich jedoch nur zur Bestimmung von H_2O_2 und einigen reaktiven organischen Peroxiden, da inerte organische Peroxide wie z. B. Dialkyl- und Diacylperoxide, Perester usw., ja sogar tert-Butylhydroperoxid mit den zugesetzten Reagenzien unter milden Bedingungen nur sehr langsam oder überhaupt nicht zu detektierbaren Derivaten umgesetzt werden. Auch mit elektrochemischen Methoden sind diese organischen Peroxide unbefriedigend zu bestimmen.

Die PES/Peroxidase-Methode, bei der H_2O_2 und organische Hydroperoxide mit p-Hydroxyphenylessigsäure (PES) unter katalytischer Wirkung von Meerrettichperoxidase zu einem fluoreszenzaktiven PES-Dimer umgesetzt werden, wird aufgrund ihrer hohen Selektivität und Empfindlichkeit am häufigsten zur Bestimmung von H_2O_2 und Hydroperoxiden verwendet (Dasgupta und Hwang, 1985; Lazrus et al., 1985; Kok et al., 1986; Kurth et al., 1991). Diese Methode basiert auf der folgenden Reaktion:

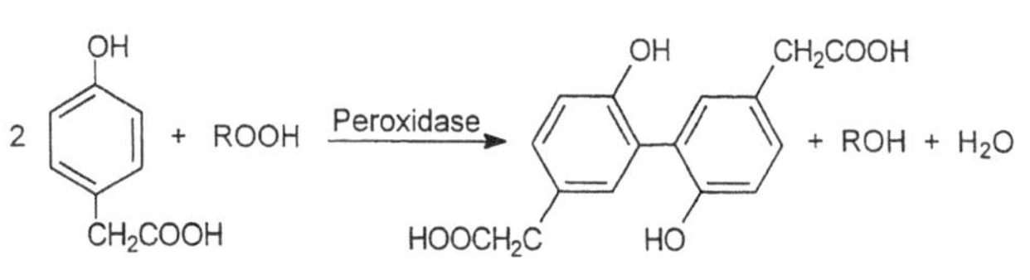

PES PES-Dimer (R = H, Alkyl)

Der Nachteil dieser Methode ist der, daß sie sich nur zur Bestimmung von H_2O_2 und einigen organischen Hydroperoxiden eignet, da zum einen das Enzym nur mit Verbindungen reagiert, die die HOO-Gruppe als charakteristisches Strukturelement enthalten (Dunford und Stillman, 1976). Zum anderen muß das peroxidische Substrat bestimmten sterischen Anforderungen des Enzyms genügen. So vermag Meerrettichperoxidase Hydroperoxide, die in α- oder β-Stellung zur HOO-Gruppe Verzweigungen enthalten, entweder überhaupt nicht oder aber nur sehr langsam umzusetzen (Paul et al., 1979). Deshalb können zum Beispiel tert-Butylhydroperoxid oder Cumolhydroperoxid mit dieser Methode nicht detektiert werden (Kurth, 1992).

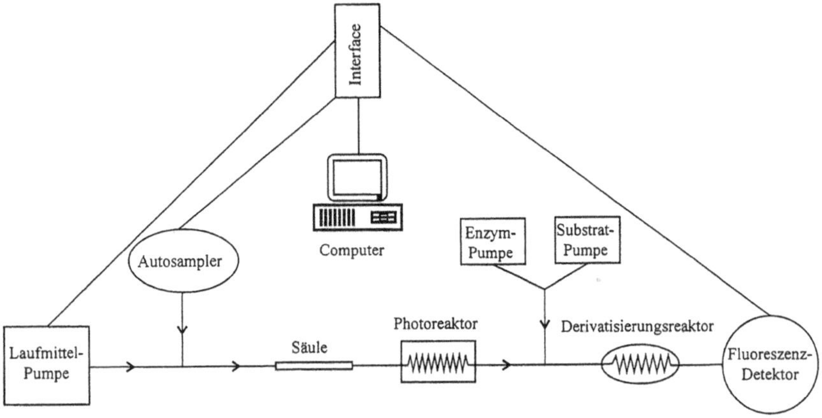

Abb. 15 Schematische Darstellung des analytischen Systems zur Bestimmung von H_2O_2 und organischen Peroxiden.

Durch die Bestrahlung organischer Peroxide nach ihrer Trennung mit UV-Licht könnten solche mit Reagenzien schwer reagierenden organischen Peroxide in Gegenwart von Wasser zu H_2O_2 oder reaktiven organischen Hydroperoxiden umgewandelt werden, deren Reaktivität unter milden Bedingungen höher ist. Danach wird ein Reagenz zugesetzt, wodurch in vernünftiger Zeit eine detektierbare Substanz gebildet wird. Damit wäre die gleichzeitige Bestimmung einer großen Zahl organischer Peroxide möglich. Vor dem Hintergrund dieser Überlegungen wurden einige Versuche durchgeführt: Zunächst wurde ein inertes organisches Peroxid wie Di-tert-butylperoxid in Gegenwart von Wasser mit UV-Licht bestrahlt und anschließend mit PES und Peroxidase umgesetzt, schließlich wurde das Gemisch mit einem Fluoreszenzdetektor vermessen. Die durchgeführten Tests rechtfertigten die Annahme, daß inerte organische Peroxide durch UV-Bestrahlung in Anwesenheit von Wasser in reaktive

Hydroperoxide umgewandelt werden. Diese Tests ergaben darüber hinaus eine gute lineare Korrelation zwischen Detektor-Response und der Konzentration der Peroxide.

Diesen Ergebnissen entsprechend wurde das in Abbildung 15 dargestellte analytische System zur Bestimmung von H_2O_2 und organischen Peroxiden aufgebaut. Hinter der Säule durchlaufen die getrennten Substanzen einen Photoreaktor. Die Derivatisierungsreagenzien p-Hydroxyphenylessigsäure und Meerrettichperoxidase werden nach der UV-Bestrahlung mit Hilfe von zwei Pumpen zugesetzt. Nach Durchlaufen einer Reaktionsschlange wird das gebildete fluoreszenzaktive Derivat mit Hilfe eines Fluoreszenzdetektors detektiert.

4.2.2. Wahl der Laufmittel

Um ein Gemisch hydrophiler und lipophiler Peroxide in einem Lauf trennen zu können, muß eine Gradientenelution durchgeführt werden. Im verwendeten System wurden Wasser und Acetonitril als optimale Laufmittel eingesetzt. Zum einen ist Wasser erforderlich zur Umsetzung von inerten organischen Peroxiden zu H_2O_2 und Hydroperoxiden im Photoreaktor. Organische Peroxide ROOR′ werden durch UV-Licht im Photoreaktor in die Alkoxy-Radikale RO und R′O gespalten, die in Anwesenheit von Wasser unter Bildung von H_2O_2 und Hydroperoxiden reagieren. Der Ablauf dieser Reaktionen ist vermutlich folgendermaßen darstellbar:

$$\mathrm{ROOR'} \xrightarrow{h\nu} \mathrm{RO} + \mathrm{OR'}$$

$$\mathrm{RO\ (R'O)} + \mathrm{H_2O} \longrightarrow \mathrm{ROH\ (R'OH)} + \mathrm{HO}$$

$$\mathrm{RO\ (R'O)} + \mathrm{HO} \underset{h\nu}{\rightleftharpoons} \mathrm{ROOH\ (R'OOH)}$$

$$2\ \mathrm{HO} \underset{h\nu}{\rightleftharpoons} \mathrm{H_2O_2}$$

Zum anderen soll die Konzentration an Radikalen, die aus dem organischen Laufmittel infolge der UV-Bestrahlung im Photoreaktor entstehen, so niedrig wie möglich sein, insbesondere bei einer Gradientenelution, um das Untergrundsignal des Detektors zu reduzieren, da die aus dem organischen Laufmittel entstehenden Radikale ebenfalls zu Peroxiden weiter reagieren können. So haben Experimente bestätigt, daß Acetonitril als organisches Laufmittel ein geringeres Untergrundsignal liefert als z. B. Methanol, Ethanol und Dimethylformamid.

Es ist bekannt, daß zahlreiche organische Verbindungen durch UV-Bestrahlung in Radikale gespalten werden, die in Gegenwart von Luftsauerstoff unter anderem Peroxide bilden. Um Störungen durch diese Artefaktperoxide zu minimieren, wurde das Laufmittel nach der Entgasung mit Helium während des gesamten Analyseprozesses stets von Luft isoliert unter Heliumdruck gehalten.

4.2.3. Störungen durch nichtperoxidische organische Verbindungen

Aufgrund der Tatsache, daß zahlreiche organische Verbindungen durch UV-Bestrahlung dissoziiert werden, wobei in Anwesenheit von Luftsauerstoff Radikale oder Peroxide entstehen, wurden mögliche Interferenzen verschiedener organischer Verbindungen wie z. B. Alkohole, Ether, Carbonylverbindungen, Carbonsäuren und ihre Derivate, Halogenverbindungen, Dimethylsulfoxid, Tetrahydrofuran usw. ermittelt. Die meisten organischen Verbindungen bis auf Phenole und Ether zeigten keine Response bei Konzentrationen bis in den mg/ml-Bereich. Es wurde beobachtet, daß Phenole auch ohne Zumischung der Derivatisierungsreagenzien PES und Peroxidase mit UV-Strahlung ein Signal erzeugten. Dieses Phänomen kann damit erklärt werden, daß infolge der UV-Bestrahlung Phenole zu Chinon-Radikalen reagieren, die dann dimerisieren und schließlich zu Diphenolen isomerisieren. Die so gebildeten Verbindungen sind bei den gegebenen Wellenlängen (λ_{ex} = 285 nm, λ_{em} = 400 nm) fluoreszenzaktiv, da sie eine ähnliche Struktur wie das PES-Dimer aufweisen:

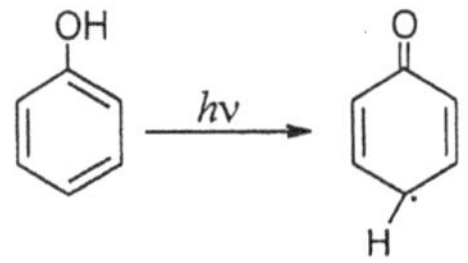

Phenol Chinon-Radikal

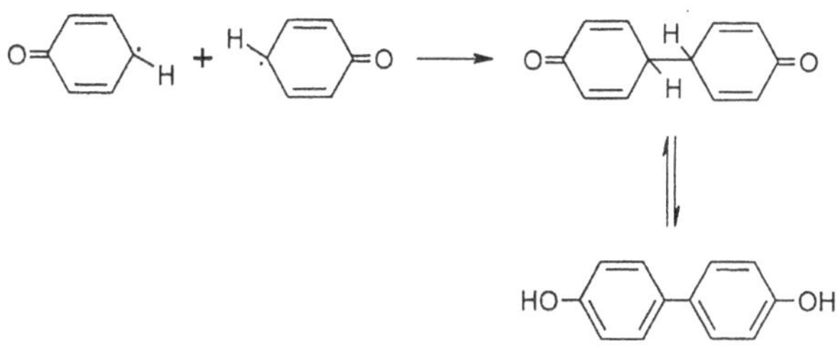

Diphenol

Ether, ausgenommen die zyklischen Ether wie Tetrahydrofuran, ergaben bei geringer Konzentration eine Response, da sie durch UV-Bestrahlung sehr leicht Peroxide bilden. Darüber hinaus sind einige Polyzyklische Aromatische Kohlenwasserstoffe (PAHs) wie z. B. Benzo[e]pyren und Dibenzo[a,c]anthracen bei Wellenlängen nahe $\lambda_{ex} = 285$ nm und $\lambda_{em} = 400$ nm ebenfalls fluoreszenzaktiv (Mahanama et al., 1994).

Die Interferenzen durch Phenole und PAHs lassen sich leicht durch Unterbrechung der Zumischung der Derivatisierungsreagenzien identifizieren, da die Signale dann, im Gegensatz zu denen der Peroxide, nicht verschwinden.

4.2.4. Bestimmung von H_2O_2 und Hydroperoxiden

Das in Kapitel 4.2.1. beschriebene analytische System zur Bestimmung relativ inerter organischer Peroxide ROOR′ beruht auf der Umsetzung der Peroxide zu Wasserstoffperoxid bzw. organischen Hydroperoxiden durch Nachsäulen-Bestrahlung im Photoreaktor. Es erhebt sich die Frage, ob „reaktive" Peroxide wie z. B. Wasserstoffperoxid und Methylhydroperoxid mit dieser Methode ebenso zu bestimmen sind und ob sich die Empfindlichkeit für deren Bestimmung ändert. Experimente haben gezeigt, daß H_2O_2 mit diesem System fast genauso empfindlich detektiert werden kann wie ohne UV-Bestrahlung (siehe Abb. 16). Diese Versuche wurden auch mit Methylhydroperoxid (MHP) und Ethylhydroperoxid (EHP) durchgeführt und ergaben ähnliche Resultate wie mit H_2O_2 (siehe Abb. 17). Damit können mit diesem analytischen System reaktive Peroxide, wie H_2O_2, MHP und EHP, ebenfalls analysiert werden, ohne daß sich die Empfindlichkeit für ihre Bestimmung durch die zusätzliche UV-Bestrahlung wesentlich ändert.

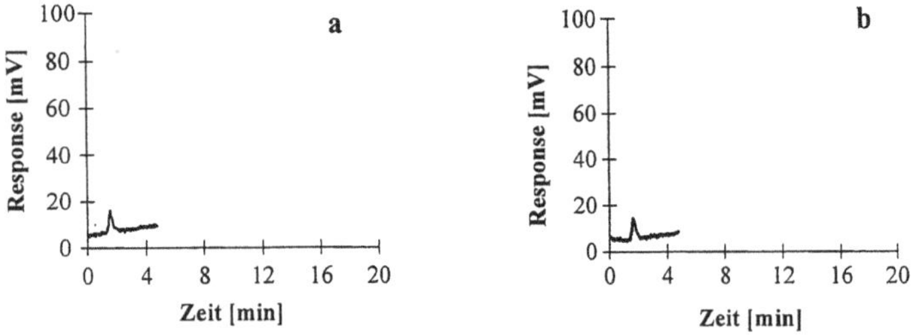

Abb. 16 Vergleich der Bestimmung von H_2O_2 mit dem beschriebenen analytischen System: a) UV-Lampe ausgeschaltet; b) UV-Lampe eingeschaltet.

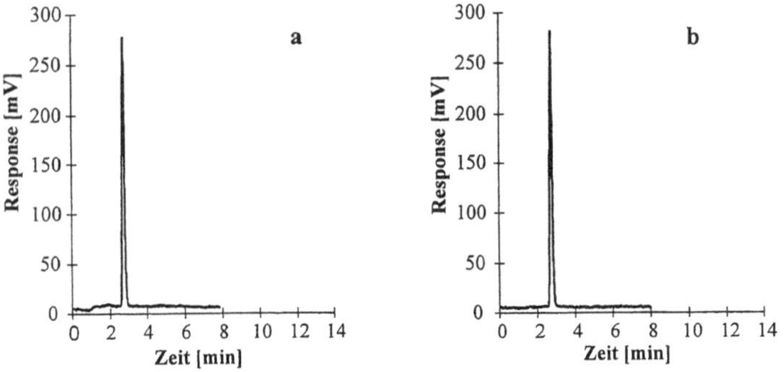

Abb. 17 Vergleich der Bestimmung von Ethylhydroperoxid mit dem beschriebenen analytischen System: a) UV-Lampe ausgeschaltet; b) UV-Lampe eingeschaltet.

Bei H_2O_2 und den kurzkettigen Hydroperoxiden MHP und EHP wurde beim Durchgang durch die RP18-Trennsäule ein mehr oder weniger starker Substanz-Verlust beobachtet, obwohl die Säule lange Zeit mit Laufmittel gespült worden war. Die Höhe des Verlustes hängt vom Typ des Säulenmaterials ab: So weist Supelcosil™ LC-18 (Fa. Supelco) größere Verluste auf als LiChrospher 100 RP18 (Fa. Merck). Erst nachdem mehrmals eine verhältnismäßig konzentrierte H_2O_2-Probe (ca. 100 µmol/ml) injiziert worden war, verringerte sich der Verlust an reaktiven Peroxiden deutlich. Es liegt die Vermutung nahe, daß der Verlust auf noch freie Silanolgruppen (Si-OH) im Material der RP18-Säule zurückzuführen ist. Bei der Herstellung der modifizierten Phase aus normalem Kieselgel können aus sterischen Gründen nicht alle Silanolgruppen an der Oberfläche des Kieselgels verestert werden; ein Teil der Silanolgruppen bleibt daher unverändert erhalten. Wenn diese freie Silanolgruppen an der Oberfläche nicht vollständig von den organischen Resten abgeschirmt werden, ist mit Verlust an H_2O_2 und Hydroperoxiden auf dieser Säule zu rechnen. Abbildung 18 stellt die Ergebnisse eines Versuchs dar: Der H_2O_2-Peak, der vom analytischen System mit einer neuen LiChrospher 100 RP18-Säule, die vor der Injektion einer H_2O_2-Probe längere Zeit mit Laufmittel gespült worden war, erzeugt wurde, ist deutlich kleiner als der ohne Säule erzeugte H_2O_2-Peak. In Abbildung 18 ist darüber hinaus ein Tailing des mit der Säule erzeugten Peaks festzustellen. Dies ist ein weiterer Hinweis auf freie OH-Gruppen im Säulenmaterial, da H_2O_2 und Hydroperoxide mit diesen freien OH-Gruppen Wasserstoffbrücken bilden können, die ein chemisches Tailing verursachen.

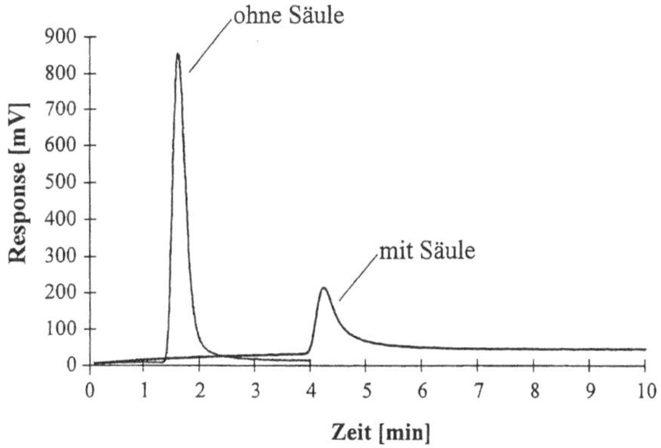

Abb. 18 Vergleich der Bestimmung von H_2O_2 mit dem beschriebenen analytischen System mit und ohne Säule

Es kommen noch andere Möglichkeiten für die beobachteten Verluste in Betracht: Chemische Kontamination der Säule (Kurth, 1992) oder Besiedelung mit Bakterien (Lazrus et al., 1986). Solcherart verursachte Verluste können jedoch durch Reinigung der Säule und Verwendung hochreinen, keimfreien Wassers für den Eluenten verhindert werden. Um sicherzustellen, daß ein möglichst geringer Verlust an reaktiven Peroxiden auf der Säule auftritt, sollte vor der

Analyse die Säule täglich gut mit Laufmittel gespült und dann dreimal eine verhältnismäßig konzentrierte H_2O_2-Probe injiziert werden.

4.2.5. Optimierung der Trennung

Ziel der Optimierung einer Trennung ist die Ermittlung der chromatographischen Bedingungen, unter denen die Analyten bei möglichst kurzer Gesamtanalysendauer möglichst gut getrennt werden. In Kapitel 4.2.4. wurde erwähnt, daß ein Verlust von H_2O_2 und Hydroperoxiden beim Durchgang durch die Trennsäule beobachtet wurde. Da dieser Verlust vom Säulenmaterial abhängig war, wurde im Rahmen dieser Arbeit eine LiChrospher 100 RP18-Säule (Fa. Merck) eingesetzt, die die geringsten Verluste zeigte. Da bei diesem System eine lange Photoreaktionsschleife (siehe Kap. 4.2.7.) und eine lange Derivatisierungsschleife (siehe Kap. 4.2.8.) verwendet wurden, wurde eine Säulenlänge von 125 mm statt 250 mm ausgewählt, um vor allem die Peakverbreiterung durch Diffusion zu vermindern und die Gesamtanalysendauer zu verkürzen. Testläufe bewiesen, daß diese Säulenlänge zur Trennung von H_2O_2, hydrophilen Alkylhydroperoxiden und lipophilen Peroxiden ausreicht. Zur Verminderung der thermischen Zersetzung von Peroxiden wurde die Säule auf 10 °C temperiert. Abbildung 19 stellt ein typisches Chromatogramm des Gemisches von H_2O_2 und organischen Peroxiden nach UV-Bestrahlung und Nachsäulenderivatisierung dar.

Um hydrophile und lipophile Peroxide in einem Lauf gut auftrennen zu können, muß eine Gradientenelution durchgeführt werden. Wie in Kapitel 4.2.2. bereits erläutert, werden in diesem System Wasser und Acetonitril als optimale Laufmittel eingesetzt. Zu Beginn der Gradientenelution wird ein binäres Gemisch aus 70% Wasser und 30% Acetonitril (Eluent A) eingesetzt. Mit einen so hohe Acetonitril-Anteil zu Beginn sind sehr polare Peroxide, wie H_2O_2, MHP und EHP jedoch nicht gut zu trennen. Die im Rahmen dieser Arbeit in Innenraumluft zu bestimmenden organischen Peroxyverbindungen sind jedoch weitaus weniger polar, weshalb zu Beginn der Elution ein verhältnismäßig hoher Anteil an Acetonitril gewählt werden kann, um die Gesamtanalysendauer zu verkürzen. Wird der Acetonitril-Anteil zu Beginn auf 10% reduziert, können auch die sehr polaren Peroxide gut aufgetrennt werden.

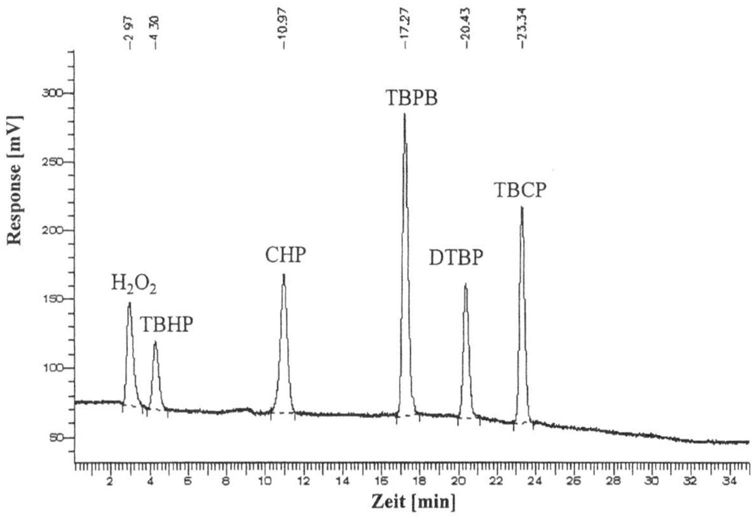

Abb. 19 Chromatogramm eines Standardgemisches von H_2O_2 und organischen Peroxiden nach UV-Bestrahlung und Nachsäulenderivatisierung.

Zur Trennung der Peroxide wird eine 22 min dauernde lineare Gradientenelution bis 100% Acetonitril durchgeführt. Die Trennung der Analyten einer Standardprobe (siehe Abb. 19) erfordert zwar keine so langsame Steigerung der Elutionsstärke, jedoch soll sichergestellt werden, daß alle in einer Realprobe möglicherweise vorkommenden organischen Peroxide gut getrennt werden. Die Peakverbreiterung der spät eluierenden Verbindungen, wie z. B. tert-Butylcumolperoxid ist trotzdem nicht größer als die bei kurzen Retentionszeiten eluierenden Peroxide (siehe Abb. 19). Dies wird auf den sogenannten „Komprimiereffekt“ einer Gradientenelution zurückgeführt. Das komplette Gradientenelutionsprogramm ist in Tabelle 3 (Kap. 3.3.) zusammengestellt.

Da der Trennsäule ein Photo- und ein Derivatisierungsreaktor nachgeschaltet ist, beeinflußt die Flußrate des Laufmittels nicht nur die Trennung der Analyten und die Gesamtanalysendauer, sondern ebenso die UV-Bestrahlungs- und Derivatisierungszeit. Diese beiden Zeiten beeinflussen wiederum die Empfindlichkeit des analytischen Systems (siehe

Kap. 4.2.7. und 4.2.8.). Als optimal erwies sich eine Flußrate von 1 ml/min; bei niedrigerer Flußrate vergrößert sich die Gesamtanalysendauer unnötig und die Peakverbreiterung nimmt zu, während bei höherer Flußrate keine gute Trennung mehr erreicht wird.

4.2.6. Optimierung der Fluoreszenzdetektion

Insbesondere wegen der durch die Enzymreaktion bedingten hohen Selektivität und wegen der durch die Fluoreszenzdetektion bedingten großen Empfindlichkeit ist die Peroxidase/p-Hydroxyphenylessigsäure-Reaktion (Guilbault et al., 1968) zur Zeit die mit Abstand am häufigsten benutzte Methode zur Bestimmung von H_2O_2 (Gunz und Hoffmann, 1990). Üblicherweise werden zur fluorimetrischen Bestimmung des Biphenylderivates als Anregungswellenlänge λ_{ex} = 320 nm und als Emissionswellenlänge λ_{em} = 400 nm verwendet (Gunz und Hoffmann, 1990). Die Untersuchungen von Kurth (1992) zeigten, daß sich für das dort verwendete Analysesystem bei den Anregungs- und Emissionswellenlängen λ_{ex} = 285 nm und λ_{em} = 410 nm die höchste Empfindlichkeit ergab. Setzte er dagegen die obengenannte Wellenlängenkombination zur Fluoreszenzdetektion ein, so nahm die Empfindlichkeit sehr stark ab. Es ist klar, daß die optimale Wellenlängenkombination für die fluorimetrische Bestimmung des Biphenylderivates, wie von der Theorie vorhergesagt (Schwedt, 1981; Guilbault, 1990), sehr stark von den experimentellen Bedingungen abhängig ist. Die wichtigsten Einflußfaktoren sind die Konzentration der PES sowie Zusammensetzung und pH der eingesetzten Pufferlösung (Kurth, 1992).

Zur Ermittlung optimaler Anregungs- und Emissionswellenlängen für das hier verwendete HPLC-System erfolgte die Messung der Adsorptions- und Fluoreszenzspektren des Biphenylderivats unter denselben Bedingungen wie im HPLC-System. Es zeigte sich, daß sich bei λ = 285 nm die höchste Absorption und bei λ = 400 nm die höchste Emission ergeben. Die Einstellung dieses Wellenlängenpaares am Fluoreszenzdetektor des HPLC-Systems ergab auch dort die höchste Response. Daraus folgt, daß λ_{ex} = 285 nm und λ_{em} = 400 nm die optimale Wellenlängenkombination für diese Bestimmungsmethode darstellen.

4.2.7. Optimierung der Bestrahlungszeit

Ziel der vorliegenden Arbeit ist die Bestimmung möglichst aller in Innenraumluft vorkommenden Peroxyverbindungen, deren Konzentrationen aller Voraussicht nach im pptv- und ppbv-Bereich liegen. Um diese geringen Konzentrationen nachweisen zu können, muß die Empfindlichkeit der Methode möglichst hoch sein. Der Bestimmung organischer Peroxide mit der beschriebenen Methode liegt deren Umsetzung zu Wasserstoffperoxid und organischen Hydroperoxiden im Photoreaktor zugrunde. Die Ausbeute dieser Umsetzung ist daher ein Faktor, der die Empfindlichkeit der Methode entscheidend beeinflußt.

Zuerst wurde der Einfluß der UV-Bestrahlungszeit auf die Umsetzungsausbeute untersucht. Durch Variation der Länge der Photoreaktionsschleife änderte sich die UV-Bestrahlungszeit bei bestimmter Flußrate der mobilen Phase. Die Versuche wurden jeweils mit 5, 10, 15 und 20 m langen Schleifen unternommen, denen Bestrahlungszeiten des Eluates von etwa 30, 60, 90 und 120 s bei einer Flußrate von 1 ml/min entsprechen. Die Bestrahlungszeit wurde ebenfalls durch Variation der Flußrate zwischen 0,5 und 1,5 ml/min bei gegebener Länge der Photoreaktionsschleife verändert. Es wurde beobachtet, daß die Response aller im Rahmen dieser Arbeit untersuchten Peroxide außer H_2O_2, MHP und EHP mit zunehmender UV-Bestrahlungszeit deutlich zunahm. Das heißt, eine längere UV-Bestrahlungszeit führt zu einem höheren Umsatz inerter organischer Peroxide zu H_2O_2 und Hydroperoxiden. Abbildung 20 zeigt den Einfluß der UV-Bestrahlungszeit auf die Empfindlichkeit des analytischen Systems.

Eine zu lange UV-Bestrahlungszeit führt jedoch zu stark verbreiterten Peaks, da eine längere Reaktionsschleife oder geringere Flußrate eine längere Verweilzeit der Analyte im Laufmittel zur Folge haben, womit sich die Trennleistung des Systems verschlechtert. Weitere Folgen sind eine zu lange Analysenzeit und ein erhöhtes Untergrundsignal. Aufgrund dieser Phänomene wurde eine 10 m lange Photoreaktionsschleife bei einer Flußrate von 1 ml/min als optimale Abstimmung des Systems eingesetzt (siehe Kap. 4.2.5.). Unter diesen Bedingungen beträgt die Bestrahlungszeit etwa eine Minute.

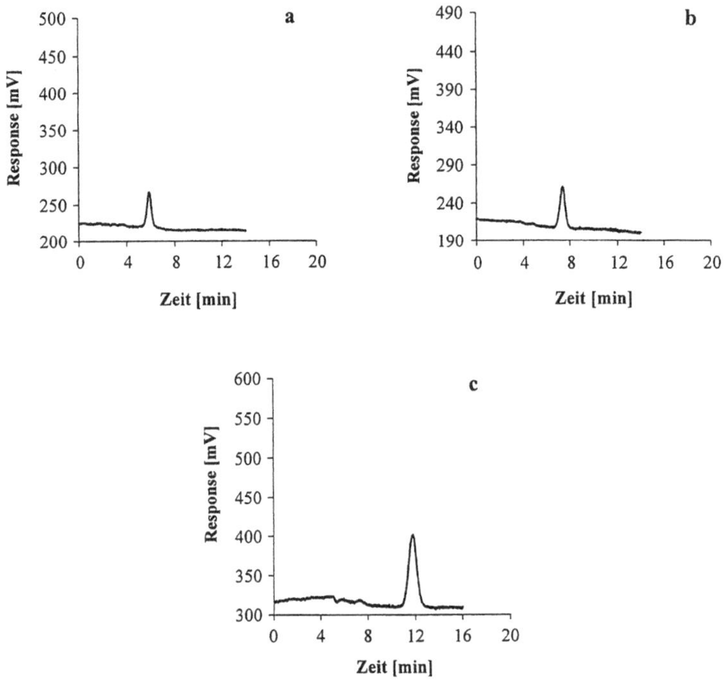

Abb. 20 Einfluß der UV-Bestrahlungszeit auf die Empfindlichkeit des analytischen Systems am Beispiel von Cumolhydroperoxid. Die UV-Bestrahlungszeit wurde durch Änderung der Flußrate des Laufmittels verändert; Bestrahlungszeit: a) ca. 50 s b) ca. 60 s c) ca. 100 s.

Trotz dieser Optimierung blieb die Empfindlichkeit des Systems für die Bestimmung inerter organischer Peroxide unbefriedigend. Dies wird überwiegend auf die geringe Umsetzungsausbeute der Verbindungen zu H_2O_2 und Hydroperoxiden zurückgeführt. Durch einen Vergleich der Nachweisgrenzen von H_2O_2, Methylhydroperoxid, Ethylhydroperoxid und Di-tert-butylperoxid kann abgeschätzt werden, daß nur etwa 0,5% des Di-tert-butylperoxids umgesetzt werden. Zur einfacheren Formulierung werden H_2O_2 und reaktive Hydroperoxide zusammen im folgenden als Reaktivperoxide bezeichnet. Eine der Ursachen für diesen niedrigen Umsatz ist wahrscheinlich die niedrige Quantenausbeute Φ_R der Umsetzung zu Reaktivperoxiden, da außer den in Kapitel 4.2.2. beschriebenen Reaktionen, die zu H_2O_2 und reaktiven Hydroperoxiden führen, noch zahlreiche andere Radikalreaktionen ablaufen. Einerseits führt nur ein Teil der nach der Photodissoziation organischer Peroxide ablaufenden Radikalreaktionen zur Bildung von Reaktivperoxiden, andererseits wird ein großer Teil der durch Absorption von Lichtquanten aktivierten organischen Peroxide ihre Aktivierungsenergie durch Stöße mit den Laufmittelmolekülen wieder abgeben. Beide Faktoren zusammen führen zu der erwähnten niedrigen Quantenausbeute. Daß infolge der Lichtabsorption von Laufmittelmolekülen nur ein kleiner Anteil der Peroxide die zur Photodissoziation erforderlichen Lichtquanten absorbieren können, ist möglicherweise eine weitere Ursache der niedrigen Umsetzungsausbeute.

Bei Verlängerung der UV-Bestrahlungszeit wird also sowohl die Zahl der angeregten Peroxidmoleküle als auch die Zahl der Umsetzungen vermehrt, die zur Bildung der Reaktivperoxide führen können.

4.2.8. Optimierung der Nachsäulenderivatisierung

Anschließend an die Bestrahlung werden die gebildeten Reaktivperoxide mit den Derivatisierungsreagenzien PES und Peroxidase gemischt und zum PES-Dimer umgesetzt, das dann mit dem Fluoreszenz-Detektor bestimmt wird. Zur Erhöhung der Empfindlichkeit soll die Ausbeute an PES-Dimer möglichst hoch sein, d.h. die Derivatisierungsreaktion soll innerhalb vernünftiger Zeit so vollständig wie möglich ablaufen. Zu diesem Zweck wurden der Einfluß der Temperatur, der Konzentration der Reagenzien, der Reaktionszeit sowie der Reaktionsbedingungen auf die Derivatisierungsreaktion untersucht.

4.2.8.1. Temperatur

Um den Einfluß der Temperatur, bei der die Derivatisierung durchgeführt wird, auf die Empfindlichkeit des Systems zu ermitteln, wurde eine Standardprobe von tert-Butylhydroperoxid injiziert, da dessen Retentionszeit nur ca. 4 min beträgt und der

Zeitaufwand damit begrenzt wurde. Die Temperatur der Derivatisierungsschleife wurde im Wasserbad zwischen 20 und 40 °C variiert, während alle anderen Parameter konstant gehalten wurden. Nach jeder Temperatureinstellung wurde die Standardprobe 10mal analysiert, die jeweils resultierende Peakfläche registriert und der Mittelwert der einzelnen Peakflächen berechnet. Abbildung 21 zeigt die Ergebnisse: Die Empfindlichkeit des Systems steigt mit zunehmender Temperatur zwischen 20 und 40 °C nur unwesentlich an. Die Temperatur wurde nicht über 40 °C gesteigert, da bei höherer Temperatur das Auftreten von Luftblasen und dadurch bedingte Störungen der Peaks zu erwarten sind (Viñas et al., 1996). Für das System wurde schließlich eine optimale Temperatur von 35 °C für die Derivatisierungsreaktion ermittelt.

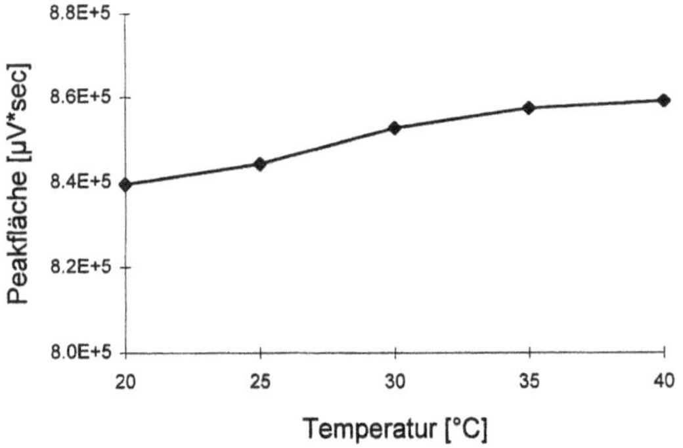

Abb. 21 Einfluß der Temperatur der Derivatisierungsreaktion auf die Empfindlichkeit des analytischen Systems

4.2.8.2. Konzentration der Derivatisierungsreagenzien

In dem von Kurth (1992) entwickelten analytischen System wurden 16 µg/ml PES und 80 µg/ml Meerrettichperoxidase als optimale Konzentrationen der Derivatisierungsreagenzien eingesetzt. Sie bildeten den Ausgangspunkt für die Optimierung im Rahmen der vorliegenden Arbeit. Aus ökonomischen Gründen (Peroxidase ist viel teurer als PES) und nach den

Grundprinzipien des chemischen Gleichgewichts erfolgten Versuche, die Konzentration der Meerrettichperoxidase zu reduzieren und die von PES dagegen zu erhöhen unter der Maßgabe der Erhöhung der Empfindlichkeit. Das erwartete Ziel wurde erreicht: Als optimale Kombination, mit der das System die höchste Empfindlichkeit zeigte, erwies sich eine Konzentration von 40 µg/ml PES und 32 µg/ml Meerrettichperoxidase.

Wird die PES-Konzentration weiter erhöht, steigt der lineare Bereich der Methode an. Die Grundfluoreszenz sowie das Basislinien-Rauschen nehmen jedoch zu, was zu einer Erhöhung der Nachweisgrenze führt. Im Rahmen dieser Arbeit soll der Nachweisgrenze die Priorität eingeräumt werden, weshalb die Konzentration von PES nicht weiter erhöht wurde.

Anfänglich wurden die Derivatisierungsreagenzien p-Hydroxyphenylessigsäure und Meerrettichperoxidase zusammen in einem Reservoir aufbewahrt und mit einer Pumpe gefördert. Es wurde beobachtet, daß die Grundfluoreszenz sowie das Basislinien-Rauschen kontinuierlich anstiegen, insbesondere bei längerer Laufzeit des Systems. Dabei kam es zu einer deutlich schlechteren Nachweisgrenze und Schwierigkeiten bei der automatischen Peakintegration. Identische Beobachtungen wurden auch von Kurth (1992) und anderen Arbeitsgruppen gemacht (Lazrus et al., 1986; Dasgupta et al., 1988), die die Peroxidase/p-Hydroxyphenylessigsäure-Reaktion in einem flow-injection-analysis-System (FIA) benutzten. Dabei zeigte sich, daß die (Luft-)Oxidation von PES zum PES-Dimer in Gegenwart des Enzyms erheblich schneller und effizienter verläuft als bei dessen Abwesenheit. Eine Erklärung für diese Wirkung des Enzyms kann derzeit nicht gegeben werden. Aus diesem Grund wurden PES und Peroxidase im weiteren Verlauf dieser Arbeit getrennt aufbewahrt und mit zwei Pumpen separat gefördert. Auf diese Weise konnten die oben genannten Probleme weitgehend vermieden werden.

Meerrettichperoxidase in wäßriger Lösung verliert mit der Zeit an katalytischer Aktivität, weswegen der Behälter mit dem Enzym in ein Eiswasser-Bad gesetzt wurde. Zur Verminderung der Pulsation der Förderpumpen, die zu einer Verringerung der Nachweisgrenze führen kann, wurde eine sehr lange Edelstahl-Kapillare (10 m × 0.12 mm I.D.) vor das T-Stück eingesetzt, in dem die Derivatisierungsreagenzien dem Eluat zugemischt werden.

4.2.8.3. Reagenzienflußrate

Das Milieu, in dem die Enzymreaktion abläuft, spielt eine entscheidende Rolle für die Ausbeute an PES-Dimer. Aus der Literatur ist bekannt, daß die katalytische Aktivität der meisten globulären Enzyme in wäßrig-organischem Milieu oft deutlich geringer ist als in reinem Wasser (Butler, 1979; Lasch, 1987). Dies trifft auch auf die katalytische Aktivität von Meerrettichperoxidase zu. Je mehr organisches Lösungsmittel und je weniger Wasser im Reaktionsgemisch vorhanden sind, desto geringer ist ihre Aktivität (Dong und Guo, 1994; Yang und Murray, 1994; Wang und Mulchandani, 1995; Tatsuma et al., 1996). Das Verhältnis von Acetonitril und Wasser im Laufmittel beeinflußt daher die katalytische Aktivität der Meerrettichperoxidase in der Derivatisierungsschleife und damit auch die Ausbeute an PES-Dimer. Daneben übt auch die Dauer der Derivatisierungsreaktion einen Einfluß auf die Ausbeute an PES-Dimer aus. Bei konstanter Flußrate des Eluenten bestimmen die Flußrate der Derivatisierungsreagenzien und die Länge sowie der Innendurchmesser der Derivatisierungsschleife zusammen die Reaktionszeit. Läßt man weiterhin die Gradientenelution außer Betracht, hängt der Acetonitril-Gehalt in der Derivatisierungsschleife nur von der Flußrate der Derivatisierungsreagenzien ab. Je höher die Flußrate der Derivatisierungsreagenzien ist, desto höher ist der Wassergehalt in der Derivatisierungsschleife, da die Reagenzien wäßrige Lösungen sind, während das Elutionsmittel mindestens 30% Acetonitril enthält - je nach Ablaufzeit der Gradientenelution. Aus diesem Grund wurde zuerst die Flußrate der Derivatisierungsreagenzien optimiert, danach wurde die optimale Reaktionszeit nur durch Veränderung der Schleifenlänge bei konstanten Innendurchmesser und konstanter Flußrate ermittelt.

Zur Ermittlung der Abhängigkeit der Nachweisempfindlichkeit vom Acetonitril-Gehalt in der Reaktionsschleife wurde die Flußrate von PES und Peroxidase simultan zwischen 0,1 und 0,7 ml/min, die Gesamt-Flußrate der Reagenzien somit zwischen 0,2 und 1,4 ml/min variiert. Um bei erhöhter Flußrate noch eine ausreichende Reaktionszeit zu garantieren, wurde für diese Versuche eine lange Derivatisierungsschleife (10 m × 0,3 mm I.D. Edelstahl-Kapillare) eingesetzt. Zur gleichzeitigen Bestimmung hydrophiler und lipophiler Peroxide wird eine Gradientenelution durchgeführt (siehe Kap. 4.2.5. und Tab. 3). Somit ändert sich der Acetonitril-Gehalt in der Derivatisierungsschleife im Verlauf der Gradientenelution trotz konstanter Reagenzienflußrate, und der Acetonitril-Gehalt in der Derivatisierungsschleife ist für hydrophile Peroxide, die eine kurze Retentionszeit besitzen, niedriger als für die später eluierenden lipophilen Peroxide. Wenn zum Beispiel tert-Butylhydroperoxid von der Säule eluiert, entspricht das Wasser-Acetonitril-Verhältnis nahezu Eluent A (Wasser/Acetonitril 70/30), während bei der Elution von Di-tert-butylperoxid ein Verhältnis von etwa 20/80 vorliegt. So ist zu erwarten, daß die Reagenzien-Flußrate einen unterschiedlichen Einfluß auf die Empfindlichkeit für hydrophile und lipophile Peroxide ausübt. Um dem Rechnung zu tragen, wurden TBHP als typisch hydrophiles und DTBP als typisch lipophiles Peroxid in diesen Versuchen eingesetzt. Bei jeder eingestellten Reagenzienflußrate wurden der Standard von TBHP und DTBP 5mal analysiert und die Mittelwerte der einzelnen Peakflächen berechnet. Die Ergebnisse sind in Abbildung 22 dargestellt.

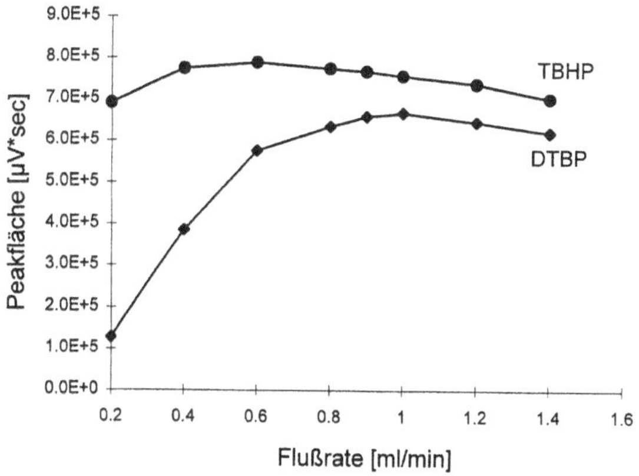

Abb. 22 Einfluß der Flußrate der Derivatisierungsreagenzien auf die Nachweis-empfindlichkeit

Die Peakfläche von TBHP steigt ab einer Reagenzienflußrate von 0,2 ml/min mit zunehmender Flußrate langsam an, während die Peakfläche von DTBP ab 0,2 ml/min mit zunehmender Flußrate verhältnismäßig schnell ansteigt. Die Peakflächen beider Peroxide nehmen nach Erreichen eines Maximalwerts mit zunehmender Reagenzienflußrate wieder ab. Die maximale Empfindlichkeit für DTBP wird bei einer Flußrate von 1 ml/min (Flußrate von

PES und Peroxidase je 0,5 ml/min), für TBHP bei 0,6 ml/min (Flußrate von PES und Peroxidase je 0,3 ml/min) erreicht.

Für die beobachteten Phänomene sind die folgenden Erklärungen denkbar. Die Erhöhung der Reagenzienflußrate hat vier Effekte: Der erste ist die Zunahme der katalytischen Aktivität der Meerrettichperoxidase mit zunehmender Reagenzienflußrate, da sich der Wasser-Gehalt in der Derivatisierungsschleife mit zunehmender Reagenzienflußrate vergrößert. Der zweite ist ein Verdünnungseffekt - die Konzentration der Analyte im Eluat verringert sich mit steigender Reagenzienflußrate. Der dritte Effekt ist eine Erhöhung der Konzentration von PES und Meerrettichperoxidase in der Derivatisierungsschleife, der vierte eine Verkürzung der Dauer der Derivatisierungsreaktion mit zunehmender Reagenzienflußrate. Die Effekte eins und drei üben einen genau umgekehrten Einfluß auf die Empfindlichkeit aus wie die Effekte zwei und vier. Ist die Konzentration von PES und Meerrettichperoxidase in der wäßrigen Lösung genügend hoch, spielt der dritte Effekt eine vernachlässigbare Rolle. Der vierte Effekt läßt sich durch den Einsatz einer längeren Derivatisierungsschleife vermindern. Daher ist der Einfluß der Reagenzienflußrate auf die Empfindlichkeit der Methode in erster Linie auf die beiden ersten Effekte zurückzuführen.

Zuerst sollen die bei der Bestimmung des lipophilen Peroxids DTBP beobachteten Phänomene diskutiert werden. Zum Zeitpunkt der Elution von DTBP beträgt der Acetonitril-Gehalt des Eluenten ca. 85 Vol.-%. Bei einer Reagenzienflußrate von 0,2 ml/min und einem Eluentenfluß von 1 ml/min nimmt der Gehalt an Acetonitril in der Derivatisierungsschleife infolge der Zugabe der Derivatisierungsreagenzien auf etwa 71% ab. Wegen dieses hohen Gehaltes an organischem Lösungsmittel im Reaktionsgemisch ist die katalytische Aktivität der Peroxidase als sehr niedrig anzunehmen (Dong und Guo, 1994; Yang und Murray, 1994; Wang und Mulchandani, 1995; Tatsuma et al., 1996). In diesem Fall dominiert der erste Effekt: Die Peroxidase-Aktivität steigt deutlich mit zunehmender Reagenzienflußrate an. Daher nimmt die Peakfläche von DTBP mit zunehmender Flußrate schnell zu (siehe Abb. 22). Mit weiter steigendem Wassergehalt in der Derivatisierungsschleife nimmt die Dominanz des ersten Effekts allmählich ab, was zu einer Verlangsamung des Anstiegs der Peakfläche führt. Wenn beide entgegengesetzten Effekte (Aktivitätserhöhung - Verdünnung) sich gerade ausgleichen, erreicht die Peakfläche von DTBP einen Maximalwert; die entsprechende

Reagenzienflußrate stellt das Optimum für die Bestimmung von DTBP dar. Mit weiter zunehmender Reagenzienflußrate spielt der Verdünnungseffekt die dominierende Rolle, womit die Peakfläche wieder abnimmt.

Bei der Elution des hydrophilen Peroxids TBHP beträgt der Acetronitril-Gehalt im Elutionsmittel nur ca. 30 Vol.-%. Bei einer Reagenzienflußrate von 0,2 ml/min steigt der Wassergehalt in der Derivatisierungsschleife infolge der Reagenzienzugabe auf 75% an. In diesem Milieu ist die katalytische Aktivität von Meerrettichperoxidase zwar niedriger als in reiner wäßriger Lösung aber bedeutend höher als in dem bei der Bestimmung von DTBP nur 29% Wasser enthaltenden Milieu. In diesem Fall spielt der erste Effekt keine so entscheidende Rolle wie bei der Bestimmung von DTBP. So nimmt die Peakfläche von TBHP mit zunehmender Reagenzienflußrate nur langsam zu (siehe Abb. 22) und der Ausgleich der beiden gegenläufigen Effekte ist bald erreicht. Dementsprechend liegt das Optimum der Flußrate für die Bestimmung von TBHP niedriger als beim DTBP. Mit weiter zunehmender Flußrate spielt dann der Verdünnungseffekt genau wie bei der Bestimmung von DTBP die dominierende Rolle und führt zur Verringerung der Peakfläche.

Für verschiedene Peroxide ergeben sich damit von der Retentionszeit abhängige unterschiedliche optimale Reagenzienflußraten. Die oben dargestellten Experimente ergaben optimale Flußraten für TBHP von 0,6 und für DTBP von 1 ml/min. Die optimale Reagenzienflußrate für die Bestimmung von Peroxiden, deren Retentionszeit zwischen der von TBHP und DTBP liegt, liegt dann entsprechend zwischen 0,6 und 1 ml/min. Aus folgendem Grund wird eine Flußrate von 1 ml/min - PES und Meerrettichperoxidase je 0,5 ml/min - als das Optimum dieser Methode gewählt: Die Nachweisgrenze für TBHP ist niedriger als die für DTBP; eine Verbesserung der Nachweisgrenze für DTBP sollte daher Priorität besitzen. Der Unterschied der Peakflächen von TBHP bei Flußraten von 0,6 und 1 ml/min ist darüber hinaus gering. Das heißt, daß sich mit einer Flußrate von 1 statt 0,6 ml/min keine entscheidende Verminderung der Nachweisempfindlichkeit für TBHP ergibt.

Die optimale Reagenzienflußrate für sehr hydrophile Peroxide mit kurzer Retentionszeit, wie z. B. H_2O_2, sollte nach obigen Überlegungen auch bei etwa 0,6 ml/min liegen. Auch für diese Verbindungen wird keine entscheidende Verminderung der Nachweisempfindlichkeit bei

Einstellung einer Flußrate von 1 ml/min erwartet. Darüber hinaus gibt es lipophile organische Peroxide, deren Retentionszeit größer ist als die von DTBP. Sollen solche lipophilen organischen Peroxide zusammen mit den hydrophilen Peroxiden nachgewiesen werden, erscheint eine Reagenzienflußrate von 1 ml/min als optimal für die hier entwickelte Methode.

4.2.8.4. Länge der Derivatisierungsschleife

Anschließend soll geklärt werden, wie lange die Derivatisierungsreaktion unter den gegebenen Bedingungen braucht, um die höchste Ausbeute an PES-Dimer zu liefern. Da die Flußraten des Eluenten und der Reagenzien bereits festgelegt sind, hängt die Reaktionszeit nur von der Länge der Derivatisierungsschleife ab, wenn der Innendurchmesser ebenfalls vorgegeben ist. Für die Optimierungsversuche wurde eine Edelstahl-Kapillare mit 0,3 mm I.D. und unterschiedlicher Länge als Derivatisierungsschleife verwendet. Als Längen wurden 0,5, 1, 2, 3 und 4 m getestet, während alle anderen Parameter konstant gehalten wurden. Diesen Längen der Derivatisierungsschleife entsprechen Reaktionszeiten von 1,1, 2,1, 4,2, 6,4, und 8,5 Sekunden. Bei jeder Länge wurde eine TBHP-Standardprobe 10mal nacheinander injiziert, von den jeweils resultierenden Peakflächen wurden die Mittelwerte berechnet. Die Ergebnisse sind in Abbildung 23 dargestellt.

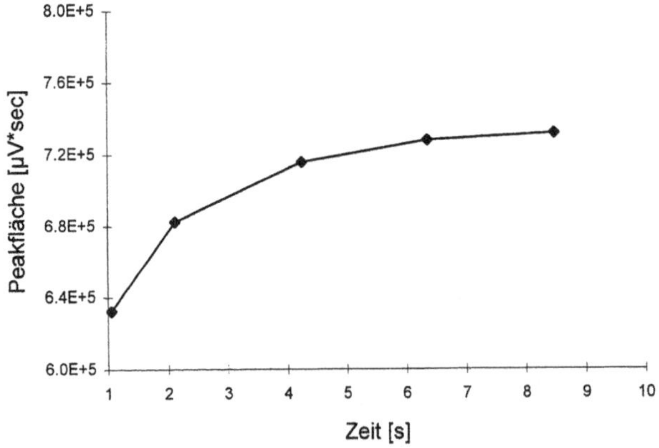

Abb. 23 Einfluß der Zeit der Derivatisierungsreaktion auf die Empfindlichkeit

Es ist deutlich zu erkennen, daß nach einer Reaktionszeit von etwa 6 Sekunden (entsprechend 3 m Länge) die Peakfläche nicht mehr entscheidend zunimmt. In Anbetracht der zunehmenden Peakverbreiterung mit steigender Schleifenlänge wurde eine Länge der Reaktionsschleife von 3 m für dieses System als optimal angesehen.

4.2.9. Weitere Versuche zur Verbesserung der Empfindlichkeit

Zur Verbesserung der Empfindlichkeit des analytischen Systems wurden weitere Versuche durchgeführt:

a) Reihenfolge des Reagenzienzusatzes
p-Hydroxyphenylessigsäure und Meerrettichperoxidase oder p-Hydroxyphenylessigsäure allein wurden alternativ vor dem Photoreaktor zugesetzt, d. h., beide Reagenzien bzw. nur p-Hydroxyphenylessigsäure wurden mit den Peroxiden zusammen bestrahlt. Es wurde keine Verbesserung der Empfindlichkeit erreicht.

b) Einsatz von Sensibilisatoren und Photokatalysatoren
Übergangsmetallionen, wie V^{5+}, Ce^{3+}, Fe^{3+}, Cu^{2+}, Co^{2+} usw., und ihre Komplexe mit verschiedenen Liganden, wie Cytosin, Bilirubin, Riboflavin, Pyrazin-2-carbonsäureamid, 2-Amino-5-mercapto-1,3,4-thiadiazol usw., wurden getestet. Jedoch konnte mit keinem dieser Reagenzien die Empfindlichkeit des Systems deutlich erhöht werden.

4.2.10. Nachweisgrenze, linearer Bereich und Reproduzierbarkeit

Als Nachweisgrenze wird die Konzentration an Peroxid bezeichnet, die einen Peak von der dreifachen Höhe der Standardabweichung der Grundfluoreszenz des analytischen Systems erzeugt. Diese Nachweisgrenzen wurden mit frisch hergestellten Peroxid-Standards ermittelt.

Der Unterschied der Nachweisgrenzen von reaktiven und inerten Peroxiden sind beträchtlich: für H_2O_2 beträgt sie 14 ng/ml für eine 10 µl-Probe, für Di-tert-butylperoxid hingegen nur 5 µg/ml. Wie bereits erwähnt, werden die hohen Nachweisgrenzen für inerte organische Peroxide auf die niedrige Umsetzungsausbeute zurückgeführt. Nachweisgrenzen, relative Standardabweichungen sowie der lineare Bereich sind in Tabelle 9 zusammengefaßt.

Als Bestimmungsgrenze wird die Konzentration an Peroxiden bezeichnet, die einen Peak von der sechsfachen Höhe der Standardabweichung der Grundfluoreszenz des analytischen Systems erzeugt. Die Werte für die Bestimmungsgrenze der in Tabelle 9 zusammengestellten Peroxide sind entsprechend doppelt so hoch wie die in der Tabelle zusammengestellten Werte der Nachweisgrenze.

Zur Ermittlung des linearen Bereiches der Response wurden Peroxid-Standards im untersuchten Konzentrationsbereich jeweils 10mal analysiert und die Mittelwerte der einzelnen Peakflächen sowie die zugehörige Standardabweichung berechnet (siehe Tab. 9). Die Standardproben wurden stets unmittelbar vor der Analyse frisch hergestellt.

Tab. 9 Nachweisgrenze, linearer Bereich, Korrelationskoeffizient und relative Standardabweichung für die Bestimmung von H_2O_2 und organischen Peroxiden mit HPLC. MHP und EHP konnten nur qualitativ bestimmt werden.

Peroxid	**Nachweisgrenze**	**linearer Bereich**	**Korrelationskoeffizient**	**RSD [%]**
H_2O_2	14 ng/ml	42 -225 ng/ml	0,9991	6,6
MHP	ca. 34 ng/ml	/	/	/
EHP	ca. 41 ng/ml	/	/	/
TBHP	0,9 µg/ml	2,7 -130 µg/ml	0,9993	4,7
CHP	0,7 µg/ml	2,1 - 95 µg/ml	0,9983	5,9
DTBP	5 µg/ml	15 - 112 µg/ml	0,9994	3,6
TBPB	0,3 µg/ml	0,9 - 80 µg/ml	0,9997	6,1
TBCP	0,1 µg/ml	0,3 - 75 µg/ml	0,9995	5,1

Darüber hinaus kann der lineare Bereich der Response durch Erhöhung der PES-Konzentration zu höheren Peroxidkonzentrationen verschoben werden. Dies bedingt aber gleichzeitig eine deutliche Erhöhung der Nachweisgrenze, da eine zunehmende PES-Konzentration ein zunehmendes „baseline-noise“ zur Folge hat.

4.2.11. Zusammenfassung

Bei der Peroxid-Bestimmung mittels HPLC wird das Eluat nach Verlassen der Säule mit UV-Licht bestrahlt, wodurch inerte organische Peroxide in Anwesenheit von Wasser zu H_2O_2 und reaktiven Hydroperoxiden (Reaktivperoxide) umgewandelt werden können. Danach werden die Derivatisierungsreagenzien PES und Peroxidase zugesetzt, die mit Reaktivperoxiden unter Bildung des fluoreszenzaktiven PES-Dimers reagieren. Auf diese Weise sind sowohl aktive als auch inerte peroxidische Verbindungen gleichzeitig zu bestimmen. Durch Optimierung verschiedener Parameter der Trennung, Bestrahlung und Derivatisierung werden Nachweisgrenzen für reaktive Peroxide bis 14 ng/ml und für inerte Peroxide von 5µg bis 0,1µg/ml erreicht. Die Empfindlichkeit des hier dargestellten Systems ist für die Bestimmung inerter organischer Peroxide jedoch noch nicht zufriedenstellend. Die Hauptursache dafür ist in den geringen Ausbeuten zu suchen, mit denen inerte organische Peroxide zu H_2O_2 und reaktiven Hydroperoxiden im Photoreaktor umgesetzt werden. Dafür scheinen vor allem zwei Gründe verantwortlich zu sein: Der eine ist die Vielzahl der im Photoreaktor ablaufenden Nebenreaktionen, der zweite Grund ist die Absorption von Photonen durch das Laufmittel, wodurch nicht in ausreichendem Maße Peroxidmoleküle zu Radikalen gespalten werden. Es wurden Interferenzen durch Phenole und Ether bei diesem System infolge der UV-Bestrahlung beobachtet, wobei die Phenol-Interferenzen durch Stop der Zumischung der Derivatisierungsreagenzien zu identifizieren waren.

4.3. Andere Methoden zur Bestimmung organischer Peroxide

4.3.1. ATD-GC-MS

Zur Bestimmung flüchtiger organischer Verbindungen in Luft wird heutzutage in vielen Fällen die sogenannte ATD-GC-MS-Methode aufgrund ihrer hohen Empfindlichkeit und Fähigkeit des qualitativen Nachweis, geringen Arbeitsaufwandes und Verringerung der Artefaktbildung bei der Probenaufarbeitung eingesetzt. Bei dieser Methode werden die Analyten zunächst in Adsorptionsröhrchen auf festen Adsorbenzien angereichert. Anschließend werden sie mit Hilfe eines automatischen Thermodesorbers (ATD) thermisch desorbiert, in einer Kryotrap fokussiert, über eine Transferline direkt in den Gaschromatographen (GC) überführt und schließlich mit einem angekoppelten Massenspektrometer (MS) detektiert. Im Rahmen dieser Arbeit wurde diese Methode auf ihre Eignung zur Bestimmung organischer Peroxide in Innenraumluft getestet.

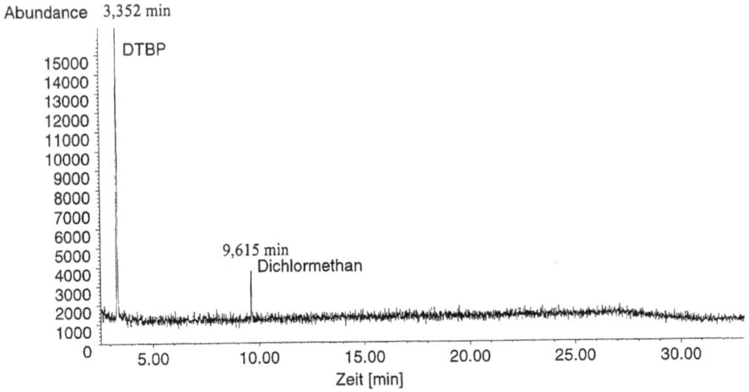

Abb. 24 Totalionenchromatogramm einer DTBP-Probe, gemessen mit ATD-GC-MS (6,1 ppbv DTBP in Helium; 2 l Probenvolumen)

Als Adsorbens wurde eine Kombination aus Carbotrap C gefolgt von Carbotrap (siehe Kap. 3.6.1. und 4.4.3.) eingesetzt. Die gasförmigen Peroxid-Standards wurden durch Verdampfung des Peroxids in einem evakuierten 20 l-Glaskolben erzeugt. Anschließend wurde der Kolben mit Helium oder Laborluft bis auf Atmosphärendruck gefüllt. Dann wurden jeweils 2 l des

Gasstandards durch ein Adsorptionsröhrchen gesaugt (siehe Kap. 3.5. und 3.6.). Versuche zeigten, daß die im Rahmen dieser Arbeit untersuchten organischen Peroxide bei 150 °C quantitativ desorbiert werden; diese Temperatur wurde daher für die Desorption des Standards eingestellt.

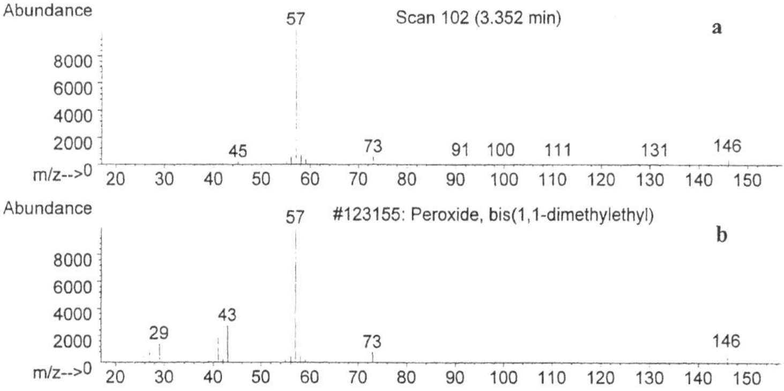

Abb. 25 DTBP-Massenspektren: a) Massenspektrum des Peaks bei 3,352 min in Abbildung 24; b) Massenspektrum von DTBP aus der internen Spektrenbibliothek

Die Untersuchungen ergaben, daß DTBP in Luft mit ATD-GC-MS qualitativ und quantitativ analysiert werden kann. Abbildung 24 zeigt das Totalionenchromatogramm des Standards, das Massenspektrum des Peaks bei 3,352 min ist in Abbildung 25 a dargestellt. Das Molekül-Ion von DTBP (m/z 146) ergibt ein deutliches Signal. Zur Verringerung des Blindwertes wurde nur der Massenbereich von 45 bis 250 m/z abgetastet. Durch Vergleich mit dem DTBP-Referenzspektrum aus der internen Spektrenbibliothek (Abb. 25 b) wird deutlich, daß der Peak bei 3,352 min dem DTBP zuzuordnen ist. Das Totalionenchromatogramm zeigt bei 9,615 min einen weiteren Peak, der durch Spektrenvergleich (Abb. 26) als Dichlormethan identifiziert werden kann, das als Lösungsmittel für den flüssigen Peroxid-Standard verwendet wurde. Ein Dichlormethan-Peak trat jedoch bereits bei ca. 1,7 min auf, wo er aufgrund der Flüchtigkeit von Dichlormethan auch erwartet wird (hier nicht dargestellt). Im Totalionenchromatogramm jeder Peroxid-Probe trat dieser zweite Dichlormethan-Peak bei konstanter Retentionszeit auf (siehe Abb. 27, 29, 30 und 31), dessen Ursache unklar ist. Im Chromatogramm tritt bis auf DTBP und Dichlormethan kein weiterer Peak auf. Dies läßt den

Schluß zu, daß sich DTBP bei der Analyse mit ATD-GC-MS nicht nennenswert thermisch zersetzt.

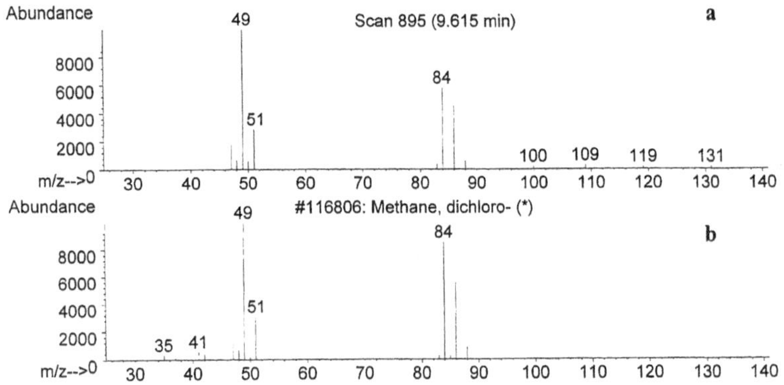

Abb. 26 a) Massenspektrum des Peaks bei 9,615 min in Abbildung 24; b) Massenspektrum von Dichlormethan aus der internen Spektrenbibliothek

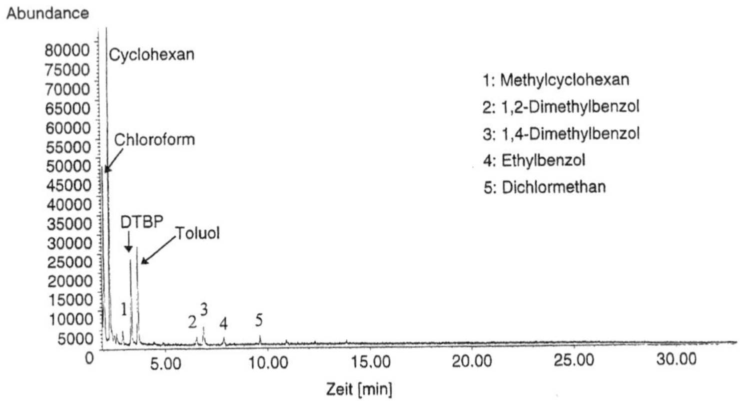

Abb. 27 Totalionenchromatogramm einer DTBP-Probe, gemessen mit ATD-GC-MS (9,7 ppbv DTBP in Laborluft; 2 l Probenvolumen)

Abbildung 27 gibt das Totalionenchromatogramm einer DTBP-Probe wieder, bei deren Herstellung nach Evakuierung und Verdampfung mit Laborluft aufgefüllt wurde. Hier treten neben DTBP noch einige weitere Peaks auf, die anhand ihrer Massenspektren verläßlich identifiziert werden können. Es ist unzweifelhaft, daß diese Substanzen nicht aus der Zersetzung von DTBP sondern aus der Laborluft stammen. Auch bei höherer Konzentration von DTBP im Gasstandard sind im Chromatogramm keine Zersetzungsprodukte festzustellen.

Um die Eignung dieser Methode zur quantitativen Bestimmung von DTBP zu ermitteln, wurden die Konzentration von DTBP im Kolben sowie das Probenvolumen variiert. Die Versuche zeigten, daß die Signalhöhen im Chromatogramm über einen weiten Bereich linear mit der DTBP-Menge korrelieren.

Tert-Butylhydroperoxid (TBHP), Cumolhydroperoxid (CHP) und tert-Butylcumolperoxid (TBCP) lassen sich dagegen nicht mit ATD-GC-MS analysieren, da sie während der thermischen Desorption im ATD zersetzt werden. Abbildung 28 gibt das Totalionenchromatogramm einer TBHP-Probe wieder. Es zeigt sich, daß TBHP bei der Desorption zum großen Teil unter Bildung von tert-Butanol und DTBP zersetzt wird und nur ein kleiner Anteil als TBHP detektiert wird. In den Chromatogrammen der CHP- (Abb. 29) und der TBCP-Probe (Abb. 30) tritt jeweils bei 9,23 min ein Peak auf. Dieser Peak wird nach seinem Massenspektrum als Cumol identifiziert. So kann davon ausgegangen werden, daß bei der thermischen Desorption CHP zu Cumol und TBCP zu Cumol und 1-Methylethenylbenzol (Toluol stammt aus der Laborluft) zersetzt werden.

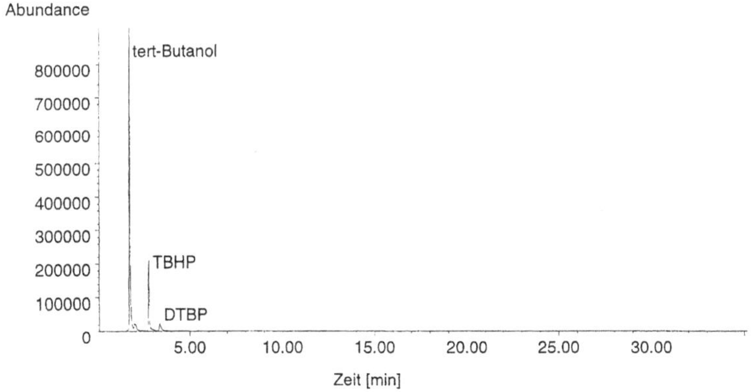

Abb. 28 Totalionenchromatogramm einer Probe von TBHP, gemessen mit ATD-GC-MS (174,3 ppbv TBHP in Helium; 2 l Probenvolumen)

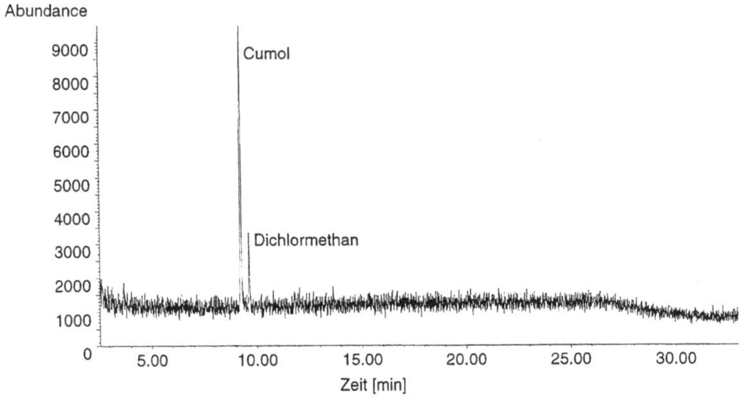

Abb. 29 Totalionenchromatogramm einer Probe von CHP, analysiert mit ATD-GC-MS (8,2 ppbv CHP in Helium; 2 l Probenvolumen)

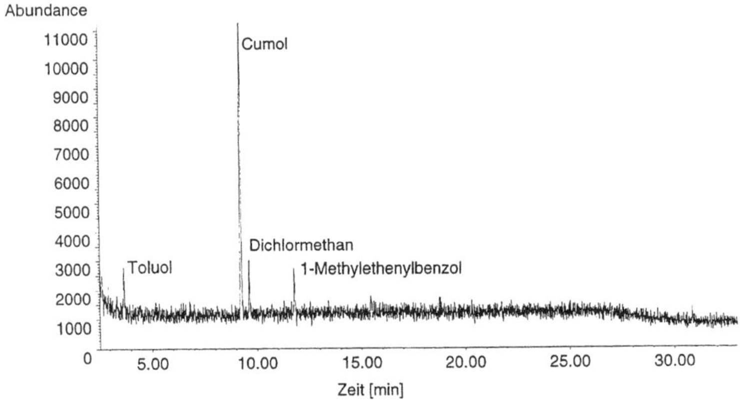

Abb. 30 Totalionenchromatogramm einer Probe von TBCP, analysiert mit ATD-GC-MS (11,5 ppbv TBCP in Helium; 2 l Probenvolumen)

Das Totalionenchromatogramm einer Probe von tert-Butylperbenzoat (TBPB) zeigt überhaupt keinen Peak, was auf die Schwerflüchtigkeit der Verbindung zurückgeführt wird. Dementsprechend ist die Konzentration von TBPB im Gasraum sehr gering, und die Verbindung sollte aus demselben Grund thermisch nur schwer vom Adsorbens zu desorbieren sein. Die Versuche zur Extraktion von TBPB mit SFE bestätigen diese Vermutung (siehe Kap. 4.4.5.).

4.3.2. Chemilumineszenz-Detektion

In der von Yamamoto und Ames (1987) entwickelten Chemilumineszenz-Methode wird Luminol bzw. Isoluminol mit Peroxyverbindungen unter katalytischer Wirkung von Peroxidase oder Peroxidase-ähnlichen Substanzen wie Hämoglobin umgesetzt. Bei dieser Reaktion werden Photoquanten freigesetzt, die mit Hilfe eines Chemilumineszenz- oder Fluoreszenzdetektors detektiert werden können. Diese Reaktion ermöglicht jedoch nur die Bestimmung von H_2O_2 und Hydroperoxiden (Iwaoka et al., 1987; Yamamoto et al., 1987; Preuschoff et al., 1993). Zur Detektion organischer Peroxide verwendeten Sawada et al. (1990) ein Cypridina Luciferin-Analoges als Chemilumineszenz-Reagenz, das sowohl mit hydrophilen als auch lipophilen Peroxiden unter katalytischer Wirkung von Tris(acetylacetonato)-Cer (III) reagieren kann.

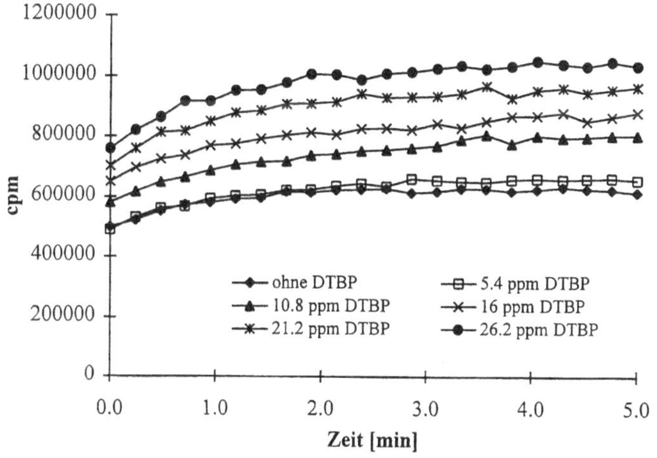

Abb. 31 Verlauf der Chemilumineszenz des Cypridina Luciferin-Analogen mit DTBP bei verschiedenen Konzentrationen (pH = 4,5; Temperatur: 25 °C).

Mit Hilfe eines Chemilumineszenz-Analysators wurde das Cypridina Luciferin-Analoge 2-Methyl-6-(p-methoxyphenyl)-3,7-dihydroimidazo[1,2-a]pyrazin-3-on auch für die hier beabsichtigte Applikation getestet. Die Ergebnisse waren nicht zufriedenstellend. Außer für H_2O_2 ist die Differenz der Chemilumineszenz-Intensität zwischen dem Hintergrundwert und einigen ppm Peroxyverbindung nicht groß genug, um organische Peroxide im Spurenbereich detektieren zu können (siehe Abb. 31).

4.3.3. Elektrochemische Detektion

Zur Detektion von Wasserstoffperoxid, tert-Butylhydroperoxid, Cumolhydroperoxid, Di-tert-butylperoxid und tert-Butylperbenzoat wurde ein amperometrischer Detektor (Fa. Varian) getestet. Die Proben wurden jeweils mit Platin- und Glassy-Carbon-Elektroden als Arbeitselektroden gemessen. Der Detektor zeigte eine sehr starke Response für H_2O_2, aber keine für etwa 100 ppm Di-tert-butylperoxid und tert-Butylperbenzoat. Tert-Butylhydroperoxid und Cumolhydroperoxid konnten detektiert werden, die Nachweisgrenze für beide Peroxide wurde auf ca. 20-30 ppm abgeschätzt.

Lipophile Peroxide lassen sich mit Hilfe des elektrochemischen Detektors offenbar nicht detektieren. Obwohl die Messbedingungen der Methode weiter optimiert werden können, ließe sich die Nachweisgrenze für hydrophile organische Peroxide vermutlich nicht entscheidend verringern. Aus diesen Gründen erfüllt die Detektion mit Hilfe eines elektrochemischen Detektors nicht die Forderung, hydrophile sowie lipophile organische Peroxide in Innenraumluft im Spurenbereich bestimmen zu können.

4.4. Extraktion organischer Peroxide mit überkritischen Fluiden (SFE)

4.4.1. Vorbemerkung

Eine optimale Probenahme und Anreicherung sind wichtige Voraussetzungen für die Spurenanalyse organischer Verbindungen. Bei der Bestimmung möglichst aller in Innenraumluft vorkommender Peroxyverbindungen im Rahmen dieser Arbeit stellen Probenahme und Anreicherung einen besonders kritischen Schritt dar, da organische Peroxide einerseits thermisch instabil und andererseits ihre Konzentrationen in Innenraumluft vermutlich sehr gering sind, während die Nachweisgrenze der entwickelten analytischen Methode für unreaktive organische Peroxide noch nicht ausreichend niedrig ist. Die für Probenahme und Anreicherung zu entwickelnde Methode soll eine hohe Anreicherungseffizienz besitzen, das heißt, daß die Peroxide möglichst quantitativ und mit möglichst wenig sekundärer Matrix (hier ist Luft die primäre Matrix), die mit dem Analyten zusammen ins Analysegerät injiziert wird, gesammelt werden. Außerdem sollen eine Artefaktbildung infolge von Ozonolysereaktionen und der Verlust infolge thermischer Zersetzung vermieden oder zumindest minimiert werden.

4.4.2. Probenahme- und Anreicherungstechniken

Zur Beprobung von Luft existiert eine Reihe von Techniken, von denen eine das sogenannte Kryosampling ist. Dabei wird Luft durch eine Falle gesaugt, die mit einem Kühlmedium wie Trockeneis-Ethanol-Mischung (T = -78 °C) oder flüssigem Argon (T = -186 °C) gekühlt wird. Mit dieser Technik werden H_2O_2 und hydrophile Hydroperoxide in Außenluft gesammelt (Sakugawa und Kaplan, 1987; Kurth, 1992; Wimschneider, 1996). Dabei wird viel Wasser, insbesondere bei hoher Luftfeuchtigkeit, in der Kühlfalle gesammelt, wenn große Luftvolumina durchgesaugt werden. Bei den erwarteten sehr geringen Mengen organischer Peroxide in Innenraumluft reicht deren Konzentration in derart gewonnenen Proben wegen der großen Wassermenge nicht zur Detektion aus. Die Proben müssen daher in schwierigen Arbeitsschritten aufkonzentriert werden. Zur Verhinderung der Blockierung durch Eis besitzt die Kühlfalle ein verhältnismäßig großes Volumen, mithin auch eine große innere Oberfläche, die die Gefahr des Verlustes an Analyten infolge Wandadsorption mit sich bringt. Beim Spülen der Wände zur Minimierung des Verlustes an Analyten wird die Probe weiter verdünnt. Darüber hinaus können die so gewonnenen Proben aufgrund der Wassermatrix nicht mit Hilfe der in Kapitel 4.1. dargestellten GC-FID-Methode mit On-Column-Injektion bestimmt werden.

Aus den beschriebenen Gründen ergibt sich klar, daß das Kryosampling als Probenahme-Technik zur Bestimmung organischer Peroxide in Innenraumluft nicht geeignet ist.

Eine andere Technik verwendet Lösungen, die die in Luft enthaltenen Analyten durch Absorption zurückhalten. Serves und Ross (1993) verwenden diese Technik, indem sie mit Hilfe eines „Diffusion Scrubbers" sowie einer „Scrubbing Coil" H_2O_2 und organische Hydroperoxide aus der Atmosphäre sammeln. Sakugawa und Kaplan (1987) setzen zur Sammlung von H_2O_2 einen „Impinger" ein. Wegen des Einsatzes mindestens einiger Milliliter Absorptionslösung ist auch mit dieser Technik keine hohe Anreicherungseffizienz zu erzielen. Darüber hinaus ist die Bildung von Peroxidartefakten in der Absorptionslösung beobachtet worden (Sakugawa und Kaplan, 1987; Serves und Ross, 1993). Die Untersuchung von Sakugawa und Kaplan (1987) hat gezeigt, daß die Peroxidartefakte hauptsächlich durch Ozonolyse von Olefinen und aromatischen Verbindungen in der Lösung gebildet werden. Diese Technik eignet sich daher ebenfalls nicht zur Bestimmung organischer Peroxide in Innenraumluft.

Häufig werden Festkörper als Adsorbenzien zur Beprobung von Luft verwendet. Nach der Adsorption werden die Analyten entweder mit einem Lösungsmittel oder thermisch desorbiert, wobei im letzteren Fall die direkte Kopplung an einen Gaschromatographen üblich ist. Bei der Lösungsmittel-Desorption geht ein Teil des Anreicherungseffektes aufgrund des Lösungsmitteleinsatzes wieder verloren. Bei der Thermodesorption mit direkter GC-Kopplung ist die Anreicherungseffizienz sehr hoch, da bis auf das Trägergas keine Matrix vorhanden ist. Doch eignet sich für organische Peroxide auch diese Probenahme-Technik nicht, da die meisten Peroxide bei der erforderlichen hohen Temperatur zersetzt werden (siehe Kap. 4.3.).

In den letzten Jahren wurde die sogenannte Solid-Phase-Microextraction-Technik (SPME) entwickelt (Zhang et al., 1994), bei der eine Fasernadel als Adsorbens verwendet wird. Nach Probenahme wird die Fasernadel, ähnlich wie eine Spritze, direkt in den GC- oder HPLC-Injektor eingeführt. Die an der Fasernadel adsorbierten Analyten werden thermisch (GC) oder durch Elutionsmittel (HPLC) desorbiert und analysiert (Mol et al., 1995; Chen und Pawliszyn, 1995; Langenfeld, 1996). Mit Hilfe der SPME können Luftproben nur durch passive Sammlung erhalten werden. Außerdem ist die Sammelkapazität der Fasern zu klein, so daß diese Methode zur Bestimmung organischer Peroxide in Innenraumluft nicht geeignet ist.

Die Entwicklung der Extraktion durch überkritische Fluide (SFE = supercritical fluid extraction) liefert für die Anwendung von festen Adsorbenzien zur Probenahme und Anreicherung eine neue Desorptions-Methode. Die SFE-Technik hat gegenüber den klassischen Extraktionsverfahren besondere Vorteile: Zum einen kann sie bei niedrigen Temperaturen durchgeführt werden, um thermolabile Verbindungen zu extrahieren, da die Extraktionsmittel wie CO_2 und N_2O relativ niedrige kritische Temperaturen haben (31 °C und 36 °C). Mit Hilfe der SFE können Spurenanalyten gut aufkonzentriert werden, da überkritische Fluide unter Normalbedingungen als Gase vorliegen, die nach der Extraktion sofort entweichen. Mit diesen beiden Charakteristika erfüllt diese Methode genau die in dieser Arbeit gestellten Anforderungen; daneben ist die SFE schnell, selektiv und umweltfreundlich.

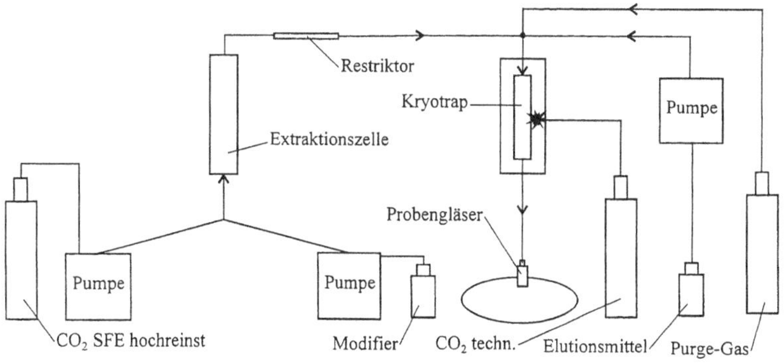

Abb. 32 Schematische Darstellung des SFE-Systems

So wurden schließlich ein Festkörper-Adsorbens und die SFE als Methoden der Wahl für die Probenahme, Anreicherung und Extraktion zur Bestimmung organischer Peroxide in Innenraumluft in dieser Arbeit eingesetzt.

4.4.3. Auswahl des Adsorbens

Zur Bestimmung organischer Peroxide in Innenraumluft hat das Adsorbens folgende Anforderungen zu erfüllen:

1. Organische Peroxide werden unter den Probenahmebedingungen quantitativ auf dem Adsorbens zurückgehalten,
2. die gesammelten Peroxide können durch SFE bei niedriger Temperatur leicht und möglichst quantitativ desorbiert werden,
3. es findet keine Zersetzung des Adsorbens oder der gesammelten Peroxide und keine Artefaktbildung von Peroxiden durch Ozonolyse auf dem Adsorbens statt,
4. das Material hat ausreichend niedrige Adsorptionskapazität für Wasser, um die Sammeleffizienz zu erhöhen (Helmig und Vierling, 1995) und um zu verhindern, daß mitgesammeltes Wasser die Kryotrap im SFE-Gerät durch Eisbildung blockiert,
5. die Röhrchen sind mehrfach verwendbar.

Nach Berichten in der Literatur (Ciccioli et al., 1992; Cao und Hewitt, 1994; Matisová und Škrabáková, 1995; Camel und Caude, 1995; Helmig und Vierling, 1995) sowie Erfahrungen von Wimschneider (1995) wurde eine Kombination aus Carbotrap C und Carbotrap zur Probenahme und Anreicherung organischer Peroxide in Innenraumluft ausgewählt. Eine Reihe anderer Adsorbenzien eignet sich aufgrund der obengenannten Anforderungen nicht. Zum Beispiel wurde bei Verwendung von Tenax TA eine Zersetzung des Adsorbens durch atmosphärisches Ozon während der Probenahme oder während der Lagerung beobachtet (Pellizzari et al., 1984; MacLeod und Ames, 1986; Strömvall und Petersson, 1992; Cao und Hewitt, 1994). Aus der Literatur ist bekannt, daß viele organische Verbindungen auf Aktivkohle irreversibel adsorbiert werden, woraus eine niedrige Wiederfindungsrate resultiert

(Camel und Caude, 1995; Matisová und Škrabáková, 1995). Die Studie von Helmig und Vierling (1995) zeigt, daß Carboxen 569 und Carbosieve SIII eine sehr viel höhere Adsorptionskapazität für Wasser haben als Tenax TA, Tenax GR, Carbotrap und Carbotrap C. Hochsiedende Substanzen können auf Carbotrap C quantitativ zurückgehalten und wieder desorbiert werden, wogegen leichterflüchtige Verbindungen mit diesem Material nicht quantitativ zu adsorbieren sind (Camel und Caude, 1995; Matisová und Škrabáková, 1995). Diese werden jedoch von Carbotrap quantitativ adsorbiert, während schwerer flüchtige Verbindungen von diesem Material teilweise irreversibel zurückgehalten werden (Rothweiler et al., 1991; Ciccioli et al., 1992). Mit einer Kombination aus Carbotrap C gefolgt von Carbotrap können hochsiedende Peroxide an Carbotrap C abgeschieden und mit SFE im Backflush-Modus wieder desorbiert werden. Die leichterflüchtigen Peroxide dagegen werden von der folgenden Carbotrap-Schicht sicher ad- und wieder desorbiert (siehe Abb. 7).

Die Adsorbenzien wurden unmittelbar in SFE-Extraktionsröhrchen gefüllt, die dann zur Probenahme eingesetzt und anschließend direkt mit SFE extrahiert wurden. Dieses Verfahren ist einerseits einfach und vermeidet andererseits Kontamination und Verlust von Analyten, was bei etwaigen Umfüllschritten des Adsorbens zu befürchten wäre. Die Füllmengen betrugen 200 mg Carbotrap C und 100 mg Carbotrap, womit in entsprechenden Tests kein Durchbruch von Peroxiden festzustellen war.

4.4.4. Optimierung der Extraktion

In den meisten SFE-Studien wird überkritisches CO_2 vor allem wegen seiner attraktiven praktischen Eigenschaften als Extraktionsmittel eingesetzt: Es besitzt relativ niedrige kritische Werte (Druck und Temperatur), geringe Toxizität und Reaktivität und ist billig. Überkritisches CO_2 ist ein exzellentes Extraktionsmittel für unpolare Verbindungen wie Alkane und Terpene. Bei typischen Arbeitsdrücken von 80-600 atm besitzt es allerdings kein ausreichendes Lösungsvermögen, um sehr polare Analysensubstanzen quantitativ zu extrahieren, aber es ist ausreichend gut geeignet für die Extraktion mäßig polarer Verbindungen, wie polyzyklische aromatische Kohlenwasserstoffe, polychlorierte Biphenyle,

Aldehyde, Ester, Alkohole und Organochlor-Pestizide (Langenfeld et al., 1993; Hills und Hill, 1993; Hawthorne und Miller, 1986; Hawthorne et al., 1992; Van Bavel et al., 1996; Miao et al., 1995; Lanças et al., 1996; Bøwadt und Hawthorne, 1995; Chester et al., 1996). Aus praktischen Überlegungen und der Tatsache, daß die meisten organischen Peroxide unpolare bis mäßig polare Verbindungen sind, wurde CO_2 in der vorliegenden Arbeit als Extraktionsmittel für die SFE eingesetzt.

Die Extraktions-Bedingungen müssen so gewählt werden, daß die Extraktionseffizienz für organische Peroxide so hoch wie möglich und deren thermische Belastung so niedrig wie möglich sind. Für die SFE sind Temperatur und Druck zwei wichtige physikalische Parameter, die zusammen die Dichte des überkritischen Fluids bestimmen: Je niedriger die Temperatur ($\geq T_{krit}$) und je höher der Druck gewählt werden, desto größer sind dessen Dichte und Lösungsvermögen. Die Temperatur spielt dabei eine vielseitige Rolle. Sie beeinflußt die Extraktionseffizienz des überkritischen Fluids nicht nur über die Dichte, sondern auch über die Diffusionskoeffizienten, die Flüchtigkeit von Analyten in der Probenmatrix sowie die Energie, die für die Desorption der Analyten von der Probenmatrix erforderlich ist (Bøwadt und Hawthorne, 1995; Langenfeld et al., 1993; Ashraf-Khorassani et al., 1995). Obwohl in vielen Fällen bei hoher Temperatur eine hohe Extraktionseffizienz beobachtet wird (Langenfeld et al., 1993; Bøwadt und Hawthorne, 1995), wurde die Extraktion in vorliegender Arbeit bei einer Temperatur von 35 °C, etwas oberhalb der kritischen Temperatur von CO_2, durchgeführt, um die thermische Zersetzung organischer Peroxide zu minimieren. Der Druck wurde auf das geräte bedingte Maximum von 400 atm eingestellt, um ein möglichst starkes Lösungsvermögen des überkritischen Fluids zu erzielen.

Um den Einfluß der Flußrate des überkritischen Fluids auf Extraktionsrate (extrahierte Menge/Zeit) und Extraktionseffizienz (extrahierte Menge/adsorbierte Menge) zu ermitteln, wurde die Flußrate zwischen 0,4 und 2 ml/min variiert. Für diese Versuche wurde gasförmiges Di-tert-butylperoxid quantitativ in das mit Adsorbenzien gefüllte Extraktionsröhrchen überführt (detaillierte Probenahme siehe Kap. 3.5., 3.6. und 3.7.) und danach sofort extrahiert. Bei jeder Einstellung der Flußrate wurde eine neue Probe von DTBP jeweils 15 min lang mit überkritischem CO_2 extrahiert; die Extrakte wurden dann mit der in Kapitel 4.1. dargestellten GC-Methode analysiert. Die Ergebnisse zeigen, daß die

Extraktionsrate mit zunehmender Flußrate des überkritischen Fluids ansteigt. Dies gibt einen Hinweis darauf, daß die Extraktionsrate im wesentlichen nicht von der Kinetik des Desorptionsschrittes sondern von der chromatographischen Retention (Auflösung und Elution) kontrolliert wird (Hawthorne et al., 1995; Bøwadt und Hawthorne, 1995). Das bedeutet, daß die Wechselwirkungen zwischen DTBP und der Probenmatrix relativ schwach sind, weshalb keine hohe Temperatur für die Desorption erforderlich ist. Darüber hinaus wurde beobachtet, daß die Extraktausbeute von DTBP bei hoher Flußrate abnahm. Vermutlich wird DTBP wegen seiner Flüchtigkeit bei einer zu hohen Flußrate in der Kryotrap nicht mehr quantitativ zurückgehalten.

Die SFE kann in einem dynamischen oder statischen Verfahren durchgeführt werden. Im ersten wird laufend frisches Extraktionsmittel durch die Probe gepumpt, im zweiten wird eine Gleichgewichtseinstellung der Analyten zwischen Probenmatrix und Extraktionsmittel abgewartet. Wie die Versuche mit der Variation der Flußrate zeigen, wird die Extraktion von Peroxid-Proben im wesentlichen durch ein chromatographisches Verhalten der organischen Peroxide bestimmt. In diesem Fall spielt das statische Verfahren keine große Rolle; daher wurde hier nur eine dynamische Extraktion durchgeführt. Der Versuch, vor der dynamischen noch eine 15minütige statische Extraktion durchzuführen, ergab keine Verbesserung der Extraktionseffizienz. So wurde mit einer 30minütigen dynamischen Extraktion die höchste Ausbeute an organischen Peroxiden erzielt.

Aufgrund der höheren Polarität von tert-Butylhydroperoxid (TBHP) ist dessen Wiederfindungsrate bei Verwendung von reinem CO_2 als Extraktionsmittel sehr niedrig. Zur Erhöhung der Wiederfindungsrate polarer organischer Peroxide kann daher dem überkritischen Fluid mit Hilfe einer zweiten Pumpe ein polarer Modifier zugesetzt werden. Die Auswahl des Modifiers und dessen Konzentration erfolgt zur Zeit noch weitestgehend empirisch, da bisher wenig Daten über die Löslichkeit von Analyten in den modifizierten überkritischen Fluiden vorliegen. Auch ist über die konkurrierenden Wechselwirkungen der Analyten und des modifizierten überkritischen Fluids um die aktiven Stellen auf der Matrix noch wenig bekannt. In der vorliegenden Arbeit wurden Dichlormethan und Methanol als Modifier für die SFE getestet. Eine Vielzahl von Untersuchungen hat gezeigt, daß eine niedrige Modifier-Konzentration (z. B. 1 Vol.-%) ebenso effektiv ist wie eine hohe (z. B. 10

Vol.-%) (Bøwadt und Hawthorne, 1995). Durch eine zu hohe Modifierzugabe kann der Extrakt unerwünschterweise verdünnt und die Auffangkapazität der Kryotrap reduziert werden. So wurde im vorliegenden Fall eine Modifier-Konzentration von 2 Vol.-% gewählt. Die Verwendung von Methanol als Modifier zeigte eine bessere Extraktionseffizienz als Dichlormethan, weshalb Methanol zur Erhöhung der Wiederfindungsrate organischer Peroxide mit SFE im Rahmen dieser Arbeit als Modifier verwendet wurde.

Die aus dem Adsorptionsröhrchen extrahierten Substanzen werden in einer sogenannten Kryotrap gesammelt und anschließend mit Lösungsmittel in ein Sammelgefäß eluiert. Um die Extrakte quantitativ zurückhalten zu können, wurde das Kryotrap-Röhrchen zuerst mit einer C18 Bonded-Phase-Packung gefüllt. Nach einigen Extraktionen war die Kryotrap jedoch verstopft, da das Material zu fein war und leicht verkrustete. Nach Ersetzen durch ein Gemisch aus gleichen Anteilen von Unibeads und C18-Phase war das Problem gelöst. Um mit möglichst wenig Lösungsmittel alle Substanzen aus der Kryotrap eluieren zu können, wurde nur 300 mg dieses Gemisches eingesetzt. Es wurde beobachtet, daß nach einigen Extraktionen die Farbe des Materials in der Kryotrap schwarz wurde. Vermutlich waren sehr feine Anteile des graphitischen Adsorbens (Carbotrap und Carbotrap C) durch das überkritische Fluid aus dem Extraktionsröhrchen herausgespült und vom Kryotrap-Material aufgefangen worden. Deshalb wurde zusätzlich zu dem bereits vorhandenen Metallfilter ein 0,2 µm-PTFE-Filter in das Röhrchen eingesetzt. Danach wurden keine graphitischen Teilchen mehr aus den Extraktionsröhrchen ausgetragen.

Um auch leichtflüchtige Peroxide in der Kryotrap effektiv auffangen zu können, sollte die Temperatur der Falle so niedrig wie möglich sein. Die minimal mögliche Temperatur betrug beim verwendeten SFE-Gerät -50 °C. Wegen der Schwierigkeit, dieses Minimum zu erreichen, wurde die Kryotraptemperatur auf -45 °C eingestellt. Um die Extrakte mit der in Kapitel 4.1. dargestellten GC-Methode analysieren zu können, wurde Dichlormethan zur Elution der in der Falle aufgefangenen Extrakte eingesetzt. Um organische Peroxide im Spurenbereich bestimmen zu können, soll die Menge an Elutionsmittel so niedrig wie möglich sein, mit der Maßgabe jedoch, daß die Extrakte quantitativ eluiert werden können. Durch Versuche wurden 0,3 ml als optimale Menge an Dichlormethan zur Elution ermittelt; die Elution wurde bei 25 °C durchgeführt.

4.4.5. Wiederfindungsrate

Zur Ermittlung der Wiederfindungsrate für organische Peroxide wurden Standard-Proben auf zwei unterschiedliche Arten dargestellt. Bei der Flüssigdosierung wurde eine flüssige Standardlösung organischer Peroxide unmittelbar auf die Adsorbermatrix (Carbotrap + Carbotrap C) gegeben. Bei der Gasdosierung wurde ein bestimmtes Volumen eines gasförmigen Standards mit Hilfe einer Pumpe durch das mit Adsorbenzien gefüllte Extraktionsröhrchen gesaugt (detaillierte Darstellung der Herstellung von Standard-Proben siehe 3.5. und 3.7.). Die Standard-Proben wurden anschließend mit der SFE-Technik extrahiert und mit GC analysiert. Die ermittelten Wiederfindungsraten für organische Peroxide sind in Tabelle 10 zusammengefaßt.

Tab. 10 Wiederfindungsraten für organische Peroxide bei der SFE

Peroxid	Wiederfindungsrate [%]	
	Flüssigdosierung	**Gasdosierung**
TBPB	93	*
TBCP	90	78
DTBP	97	95
CHP	91	86
TBHP	83	37

* Die Konzentration von TBPB im Extrakt lag unterhalb der Nachweisgrenze der GC-Methode.

Für alle getesteten organischen Peroxide sind die Wiederfindungsraten bei der Gasdosierung niedriger als bei der Flüssigdosierung. Für manche Peroxide, wie TBHP und TBPB, ist dieser Unterschied sehr groß, TBPB war nach der Gasdosierung sogar überhaupt nicht nachzuweisen. Dies hat folgende Ursachen:

Mit der Wiederfindungsrate werden bei den beiden verschiedenen Dosiermethoden zur Darstellung der Standardproben ganz unterschiedliche Vorgänge charakterisiert. Bei der

Gasdosierung werden drei Schritte erfaßt: Die Verdampfung organischer Peroxide im Kolben, die Probenahme und die SFE. Die mögliche Adsorption oder Kondensation gasförmiger Peroxide an der Kolbenwand oder die unvollständige Verdampfung hochsiedender Peroxide im Kolben verringert dementsprechend die Wiederfindungsrate. Daher ist die mit der Gasdosierung ermittelte Wiederfindungsrate organischer Peroxide nicht nur von der Extraktionseffizienz der SFE sondern auch vom Grad der Verdampfung und der Wandadsorption im Kolben sowie von der Sammeleffizienz abhängig. Die mit der Flüssigdosierung ermittelte Wiederfindungsrate stellt dagegen nur die reine SFE-Wiederfindungsrate dar. Es wurde beobachtet, daß TBPB wegen seines hohen Siedepunkts nur zu einem kleinen Teil im Kolben verdampfte. Darum war es in der Standardprobe aus der Gasdosierung nicht nachzuweisen, während es bei der Flüssigdosierung eine hohe Wiederfindungsrate (93%) zeigt.

Zum anderen unterscheidet sich die Adsorption organischer Peroxide auf der Probenmatrix bei den beiden Verfahren. Bei der gasförmigen Dosierung adsorbieren die Peroxide relativ gleichmäßig auf der Matrix, während sie sich bei der flüssigen Dosierung relativ konzentriert an einer Stelle befinden. Daher sind die Wechselwirkungen zwischen Peroxid und Matrix im ersten Fall stärker als im zweiten. So können die Peroxide aus den flüssig dosierten Proben leichter mit dem überkritischen Fluid extrahiert werden als aus den gasförmig dosierten.

Im Fall der Gasdosierung, die eine stärkere Wechselwirkung Peroxid-Matrix zur Folge hat, ist die Extraktion der Peroxide stärker von deren Verteilung zwischen dem überkritischen Fluid und den Bindungsstellen in der Probenmatrix abhängig, weshalb das Lösungsvermögen des überkritischen Fluids für die Peroxide in Konkurrenz zu den Bindungsstellen der Matrix von größerer Bedeutung sein kann. Für das relativ polare TBHP hat das überkritische CO_2 trotz Modifier-Zugabe kein ausreichendes Lösungsvermögen, so daß die Wiederfindungsrate für TBHP (37%) bei der Gasdosierung erheblich niedriger ist als die der unpolaren Peroxide wie DTBP (95%), während der Unterschied bei der Flüssigdosierung relativ geringfügig ist (siehe Tab. 10). Allerdings kann natürlich auch ein höher Anteil an TBHP durch Adsorption an der Wand des Glaskolbens gebunden werden (s.o.).

4.4.6. Zusammenfassung und Ausblick

Im Rahmen dieser Arbeit wurde ein Verfahren entwickelt, bei dem die zu beprobende Luft direkt durch ein mit Adsorbens gefülltes Extraktionsröhrchen gesaugt wird, das anschließend mit überkritischem CO_2 extrahiert werden kann. Dieses Verfahren eignet sich zur Probenahme und Anreicherung sowohl von organischen Peroxiden als auch anderer organischer Verbindungen in Luft. Bei der Extraktion eines Röhrchens, durch das 120 l Luft mit 81 % relativer Feuchte gesaugt worden war, wurde keine Blockierung der Kühlfalle durch Eisbildung beobachtet. Das bedeutet, daß mit dem Verfahren auch Luft mit hoher Feuchte beprobt werden kann. Es soll weiter versucht werden, die Extraktionseffizienz für polare organische Peroxide zu erhöhen. Wird das Röhrchen der Kryotrap zum Auffangen der Extrakte durch eine Kapillare ersetzt, könnte eine höhere Extraktkonzentration erreicht werden, was eine Verbesserung der Nachweisgrenze der Methode zur Folge hätte.

5. Anwendung der Methode zur Bestimmung organischer Peroxide

5.1. Stabilität von DTBP in Kammerluft

Zur Ermittlung des Vorkommens nennenswerter Mengen organischer Peroxide in Realluft wurde in Laborsimulationen die Langzeitstabilität eines DTBP-Prüfgases untersucht. Diese Experimente sind in Kapitel 3.8.1. beschrieben. Die Grafik in Abbildung 33 stellt die Ergebnisse dar, die zeigen, daß DTBP in der Kammer sowohl in Helium als auch in Laborluft innerhalb einer Woche nicht meßbar zersetzt wird. Nach Mair und Hall (1971) sind viele andere Peroxide thermisch stabiler als DTBP, woraus zu folgern ist, daß eine Reihe organischer Peroxide bei Raumtemperatur in Luft eine relativ lange Lebensdauer hat.

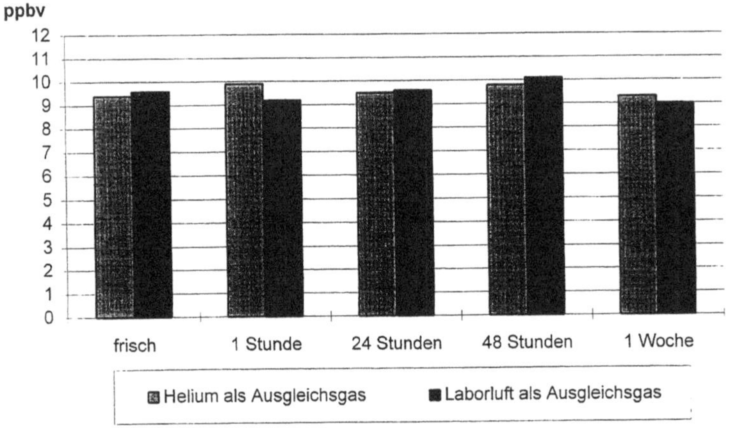

Abb. 33 Langzeitstabilität eines DTBP-Prüfgases in der Gaskammer

5.2. Restperoxide in Kunststoffen

Zur Ermittlung des Vorkommens organischer Peroxide in Kunststoffen selbst, die bei der Polymerisation als Radikal-Starter eingesetzt werden, wurden Granulat-Proben verschiedener Kunststoffe zum Ausgasen in die Gaskammer eingebracht (siehe Kap. 3.8.3.) Es konnten jedoch keine Peroxide in der Kammerluft nachgewiesen werden. Entweder waren in den getesteten Proben keine Restperoxide enthalten oder die Peroxidkonzentration in der Kammer lag wegen zu kurzer Verflüchtigungszeit oder zu geringer Probenmenge unterhalb der Nachweisgrenze der Methode.

5.3. Bestimmung organischer Peroxide in Luft

Erklärtes Ziel dieser Arbeit war die Entwicklung einer Methode, die die Bestimmung der Belastung von Innenraum- und Außenluft mit organischen Peroxiden ermöglicht. Zum Nachweis der Eignung der vorgestellten Methode wurde die Luft an einer Reihe von Orten beprobt und analysiert, an denen eine solche Belastung möglich erschien. Diese Versuche stellen aufgrund mangelnder Zeit für systematische Untersuchungen, die zweifellos folgen müssen, jedoch nur erste, orientierende Tests dar.

Im folgenden sind die Ergebnisse der Beprobung verschiedener Innenräume als auch der Außenluft in der Umgebung eines peroxidproduzierenden Betriebes nach dem in Kapitel 3 beschriebenen Probenahme- und Analysenverfahren dargestellt.

5.3.1. Innenraum eines neuen Autos

Im Innenraum moderner Pkws werden große Mengen verschiedener Kunststoffe als Einrichtungs- und Ausstattungsmaterial verarbeitet. Um das Vorkommen organischer

Peroxide in der Innenraumluft eines neuen Kleinwagens zu ermitteln, die aus Kunststoffen in die Luft freigesetzt werden, wurde die Raumluft zweimal beprobt und im Labor analysiert. Die zweite Probe wurde nach Beheizen des Innenraums genommen. Die Parameter bei der Probenahme sind in Tabelle 11 zusammengestellt:

Tab. 11 Parameter bei der Probenahme der Innenraumluft eines neuen Pkws

Probe	Raumtemperatur	Luftfeuchtigkeit	Probevolumen	Flußrate
1	9 °C	83 %	120 l	1 l/min
2	25 - 32 °C	68 - 54 %	120 l	1 l/min

Die Abbildungen 34 und 35 stellen jeweils das HPLC-Chromatogramm der beiden Proben dar. Im Chromatogramm der Probe 1 (niedrige Temperatur) sind zwei Peaks zu identifizieren, im Chromatogramm der Probe 2 (hohe Temperatur) erscheinen drei weitere Peaks. Der bei einer Retentionszeit von ca. 20 min auftretende Peak ist darüber hinaus in Abbildung 35 deutlich größer als in Abbildung 34. Zur Überprüfung von Interferenzen durch nichtperoxidische Verbindungen wurden beide Proben mit UV-Bestrahlung, jedoch ohne Zugabe der Derivatisierungsreagenzien analysiert (siehe Kap. 4.2.3.). Die so erzeugten Chromatogramme beinhalten keine Peaks, woraus folgt, daß es sich bei den Peaks in den Abbildungen 34 und 35 um Peroxide handelt. Um auch die Artefaktbildung im UV-Reaktor auszuschließen, wurde Probe 2 mit GC-MS bei Flüssiginjektion analysiert; Abbildung 36 zeigt das Totalionenchromatogramm dieser Probe. Nach Identifizierung der Peaks durch ihre Massenspektren befinden sich keine möglichen Interferenzsubstanzen darunter (siehe Kap. 4.2.3.). So kann davon ausgegangen werden, daß die Luftprobe organische Peroxide enthielt.

Durch Vergleich der Retentionszeiten mit denen von Peroxid-Standards können die Peaks bei 16,8 min, 20,1 min und 22,8 min als tert-Butylperbenzoat, Di-tert-butylperoxid und tert-Butylcumolperoxid identifiziert werden (siehe Abb. 37). Diese drei Peroxide werden in der Kunststoffindustrie häufig als Initiator zur Polymerisation verwendet (Peroxid-Chemie, 1994). Die Konzentrationen der drei Peroxide im Innenraum des PKW betrugen in etwa einige ppbv.

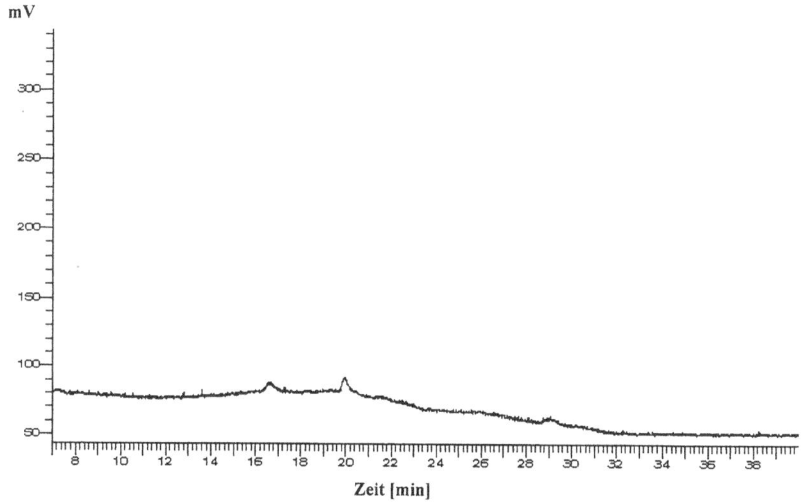

Abb. 34 HPLC-Chromatogramm von Probe 1 der Innenraumluft des Pkw

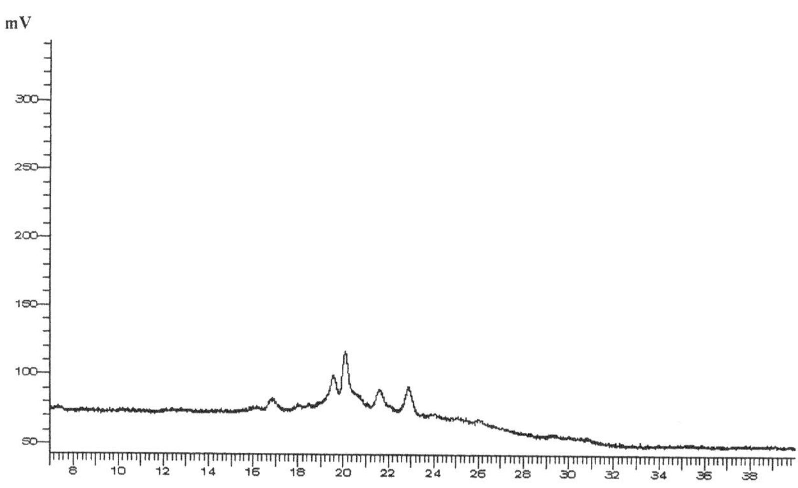

Abb. 35 HPLC-Chromatogramm von Probe 2 der Innenraumluft des Pkw

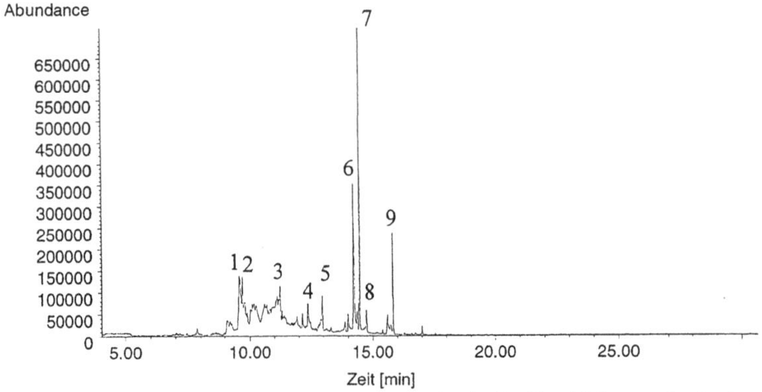

Abb. 36 GC-MS-Totalionenchromatogramm von Probe 2. Identifizierung der Peaks: 1: 1,2,4-Trimethylbenzol; 2: 1,2,3-Trimethylbenzol; 3: Undecan; 4: 2-(2-Butoxyethoxy)-ethanol; 5: Dodecamethylpentasiloxan; 6: Propionsäure-2-methyl-2-ethyl-3-hydroxyhexylester; 7: Buttersäurehexylester; 8: Octamethyltrisiloxan; 9: 2,6-Bis(1,1-dimethylethyl)-4-methylphenol

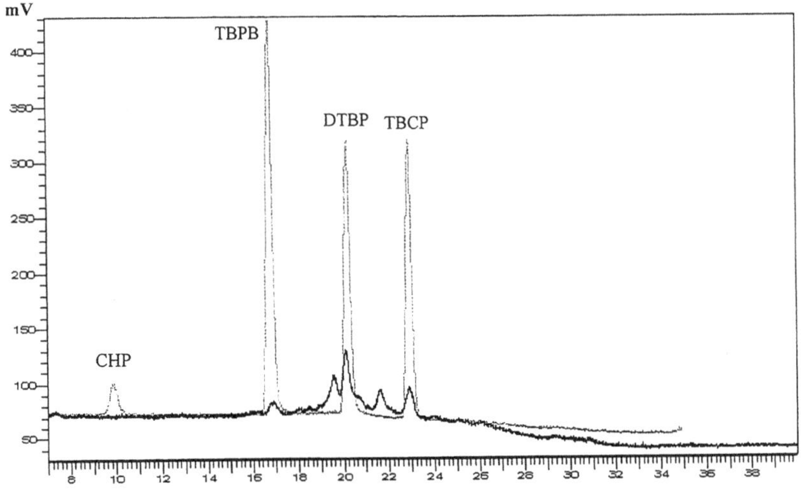

Abb. 37 Überlagerung der Chromatogramme von Probe 2 und des Peroxid-Standardgemisches

5.3.2. Kopierzentrum

Es ist bekannt, daß Fotokopiergeräte während ihres Betriebes Ozon bilden. Daher ist in Räumen, in denen Kopiergeräte betrieben werden, mit erhöhten Ozonkonzentrationen zu rechnen. Ozon ist in der Lage, in der Luft vorhandene organische Verbindungen zu oxidieren. Dabei entstehen Peroxide sowie andere Reizstoffe, wie Ozonide, Aldehyde und Ketone. Um zu ermitteln, ob in der Raumluft eines stark frequentierten Kopierzentrums organische Peroxide auftreten, wurde eine Luftprobe in einem entsprechenden Geschäft in Freising genommen und im Labor analysiert. Die Parameter der Probenahme sind in Tabelle 12 zusammengestellt.

Tab. 12 Parameter bei der Probenahme der Innenraumluft eines Kopierzentrums

Raumtemperatur	**Luftfeuchtigkeit**	**Probevolumen**	**Flußrate**
21 °C	54 %	120 l	1 l/min

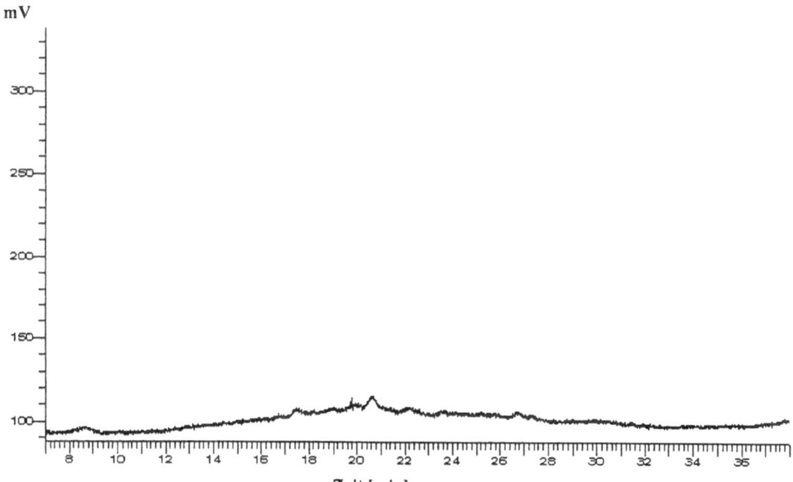

Abb. 38 HPLC-Chromatogramm der Luftprobe aus einem Kopierzentrum

Im Chromatogramm dieser Probe erscheinen einige kleine Peaks (siehe Abb. 38). Bei Analyse dieser Probe ohne Zugabe der Derivatisierungsreagenzien trat kein Peak mehr auf. Die

Analyse dieser Probe mit GC-MS wies auf keine interferierenden Verbindungen hin; das Totalionenchromatogramm ist in Abbildung 39 dargestellt. So ist grundsätzlich davon auszugehen, daß die Peaks im HPLC-Chromatogramm von organischen Peroxiden erzeugt werden. Durch Vergleich der Retentionszeiten mit dem Standardgemisch organischer Peroxide konnten die Peaks jedoch keiner der Standardsubstanzen zugeordnet werden. Es steht zu erwarten, daß bei einer Erhöhung des Probevolumens deutlichere und eventuell leichter identifizierbare Peaks im Chromatogramm erhalten werden.

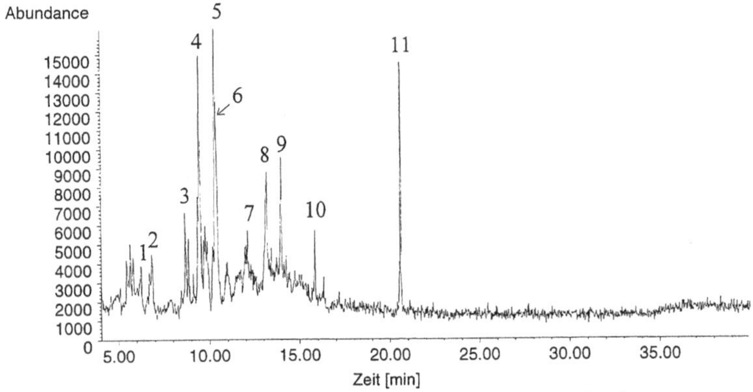

Abb. 39 GC-MS-Totalionenchromatogramm der Probe aus einem Kopierzentrum. Identifizierung der Peaks: 1: 1,2-Dimethylbenzol; 2: 1,3,5,7-Cyclooctatetraen; 3: 1-Ethyl-3-methylbenzol; 4: 1,3,5-Trimethylbenzol; 5: dl-Limonen; 6: (R)-1-Methyl-4-(1-methylethenyl)-cyclohexen; 7: 3-Hepten; 8: Decamethylcyclopentasiloxan; 9: Dodecan; 10: Tridecan; 11: Metaborsäure-bis(2,2-dimethylpropyl)ethylester

5.3.3. Neu fertiggestellter Büroraum

Zur Bestimmung organischer Peroxide in der Innenraumluft eines neu fertiggestellten, noch nicht eingerichteten Büroraums im Fraunhofer-Institut für Lebensmitteltechnologie und Verpackung in Freising wurde auch dort eine Probe genommen und im Labor analysiert (siehe Tab. 13).

Abbildung 40 zeigt das HPLC-Chromatogramm der Probe, in dem zwei nicht gut getrennte Peaks auftreten. Auch ohne Zugabe der Derivatisierungsreagenzien und beim zusätzlichen Abschalten der UV-Bestrahlung wurde das gleiche Chromatogramm erhalten. So gilt als gesichert, daß beide Peaks nicht von Peroxiden verursacht werden, sondern von anderen, bei einer Anregungswellenlänge von 285 nm und einer Emissionswellenlänge von 400 nm fluoreszenzaktiven Verbindungen stammen.

Tab. 13 Parameter bei der Probenahme der Innenraumluft eines neu fertiggestellten Büroraums

Raumtemperatur	**Luftfeuchtigkeit**	**Probevolumen**	**Flußrate**
20 °C	50 %	152 l	1 l/min

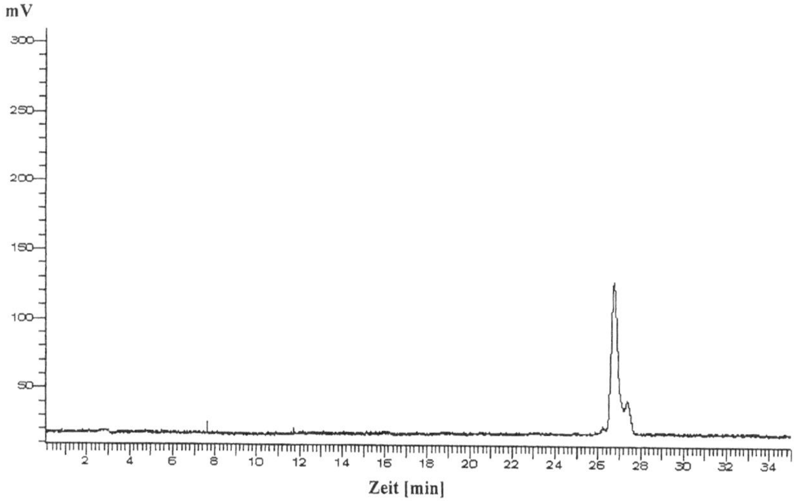

Abb. 40 HPLC-Chromatogramm der Probe von Innenraumluft eines neu fertiggestellten Büroraums

Zur Identifizierung der Peaks wurde diese Probe mit GC-MS analysiert; Abbildung 41 zeigt das entsprechende Totalionenchromatogramm. Der Peak bei einer Retentionszeit von 17,7 min kann nach seinem Massenspektrum als Isolongifolen identifiziert werden. Zwischen 21 und 23 min erscheinen mehrere Peaks; dieser Bereich ist daher in Abbildung 42 vergrößert dargestellt. Durch Spektrenvergleich können die Peaks als (±)-Chromolaenin (mit Qualität 90), 1,3-Dimethyl-2(2,4,6-trimethylphenyl)-1,3-cyclopentadien (mit Qualität 90), 3-Ethyldibenzothiophen (mit Qualität 83) und 2-Ethyldibenzothiophen (mit Qualität 83) identifiziert werden. In der Literatur ist Chromolaenin als Inhaltsstoff der Pflanzen-Gattung Chromolaena beschrieben (Bohlmann und Zdero, 1977; Juo und Herz, 1985). Es ist jedoch höchst unwahrscheinlich, daß die aus Pflanzen isolierte Verbindung Chromolaenin in so hoher Konzentration in einem neuen Büroraum vorkommt. Ob die anderen Peaks richtig identifiziert sind, ist ebenso noch fraglich. Als mögliche Quellen kommen Anstriche, der Kunststoffbodenbelag und der Klebstoff für den Bodenbelag in Frage.

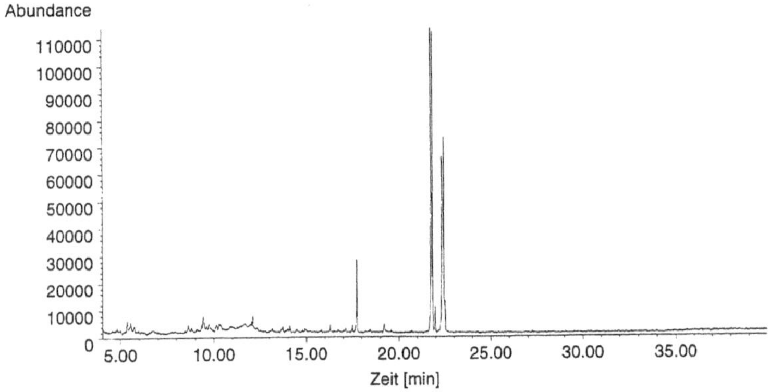

Abb. 41 GC-MS-Totalionenchromatogramm der Probe von Innenraumluft eines neu fertiggestellten Büroraums

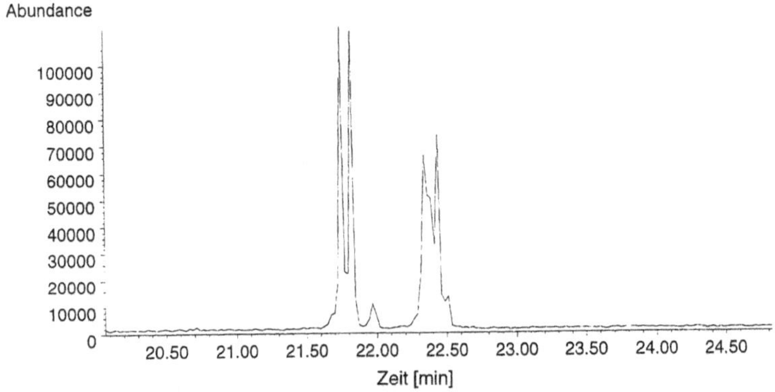

Abb. 42 Ausschnitt aus Abbildung 41 mit gedehnter Zeitachse

5.3.4. Neu eingerichtete Küche

Auch in einer neu eingerichteten Küche einer Privatwohnung wurde eine Luftprobe genommen und analysiert (siehe. Tab. 14).

Tab. 14 Parameter bei der Probenahme von Innenraumluft einer neu eingerichteten Küche

Raumtemperatur	Luftfeuchtigkeit	Probevolumen	Flußrate
19 °C	57 %	140 l	1 l/min

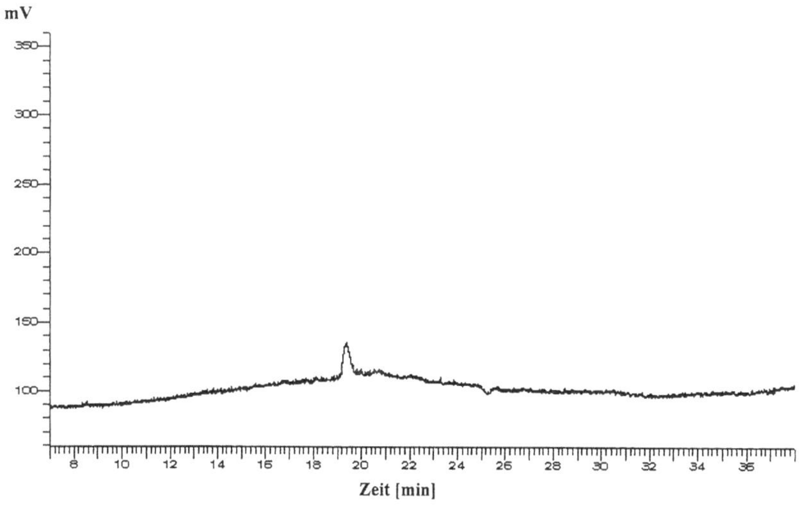

Abb. 43 HPLC-Chromatogramm der Probe von Innenraumluft einer neu eingerichteten Küche

Das HPLC-Chromatogramm der Probe ist in Abbildung 43 dargestellt; es enthält einen Peak, der ohne Zugabe der Derivatisierungsreagenzien verschwindet. Die GC-MS-Analyse ergibt das in Abbildung 44 dargestellte Totalionenchromatogramm. Die Peaks wurden durch Spektrenvergleich identifiziert und keine die Peroxidanalyse störenden Substanzen gefunden. So wird die Substanz im HPLC-Chromatogramm vermutlich peroxidisch sein; sie konnte durch Vergleich ihrer Retentionszeit mit denen von Standardproben jedoch nicht identifiziert werden.

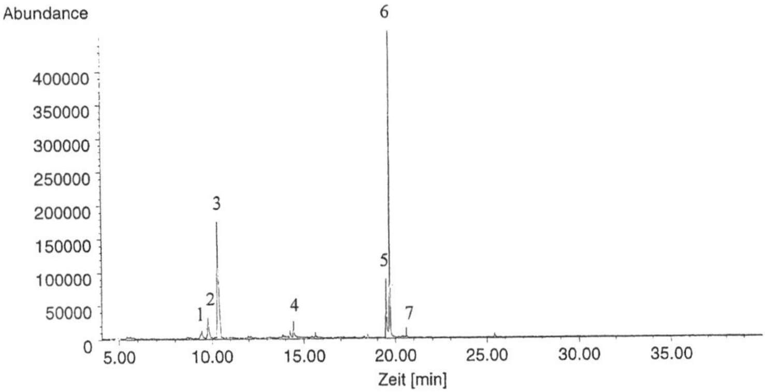

Abb. 44 GC-MS-Totalionenchromatogramm der Probe von Innenraumluft einer neu eingerichteten Küche. Identifizierung der Peaks: 1: 1,3,5-Trimethylbenzol; 2: 2,4,4-Trimethylpenten-1; 3: dl-Limonen; 4: 2-Phenoxyethanol; 5, 6: (E), (Z)-2-Butendicarbonsäure-dibutylester; 7: Tetrahydro-2-furanmethanolacetat

5.3.5. Umgebungsluft eines peroxiderzeugenden Betriebes

Aufgrund des stark peroxidartigen Geruches in der Umgebung eines peroxiderzeugenden Betriebes wurde in der Nähe dieser Fabrik eine Außenluftprobe genommen (siehe Tab. 15).

Tab. 15 Parameter bei der Probenahme der Umgebungsluft einer Peroxid-Fabrik

Temperatur	**Luftfeuchtigkeit**	**Probevolumen**	**Flußrate**
12 °C	60 %	180 l	1 l/min

Im HPLC-Chromatogramm tritt jedoch kein Peak auf. Die Analyse der Probe mit GC-MS ergibt einige flüchtige Substanzen wie Isobutan, Acetylen, Benzol und Trimethylbenzol, die in verkehrsbelasteter Außenluft häufig auftreten. Daß keine organischen Peroxide gefunden wurden, ist vermutlich darauf zurückzuführen, daß die Meßstelle nicht genau auf der Leeseite der Fabrik aufgebaut werden konnte.

5.3.6. Zusammenfassung

Mit Hilfe der im Rahmen dieser Arbeit entwickelten Anreicherungs- und Analysemethode konnten organische Peroxide in der Innenraumluft eines neuen Pkws, einer neu eingerichteten Küche und eines Kopierzentrums nachgewiesen werden. Im Pkw und in der Küche können diese aus dort verarbeiteten Kunststoffteilen stammen, die als Initiator zur Polymerisation bei der Herstellung verwendete Peroxide ausgasen. Drei der im Pkw gefundenen Verbindungen können durch Standardvergleich als TBPB, DTBP und TBCP identifiziert werden, die nach der Literatur (Peroxid-Chemie, 1994) auch tatsächlich in der Kunststoffindustrie als Initiatoren Verwendung finden. Die im Kopierzentrum gefundenen Peroxide sind möglicherweise Produkte der Ozonolyse von Kohlenwasserstoffen.

Die Möglichkeit der Belastung von Innenraumluft mit organischen Peroxiden konnte durch erste orientierende Versuche zweifelsfrei nachgewiesen werden. Weitergehende systematische Untersuchungen anderer Innenräume, die Identifizierung bisher unbekannter peroxidischer Verbindungen sowie quantitative Messungen stehen noch aus und sollten auch aufgrund der toxikologische Relevanz dieser Stoffe folgen.

6. Zusammenfassung

Organische Peroxide werden in der Industrie in großen Umfang z. B. als Initiatoren zur Polymerisation, als Bleichmittel für Textilien, Papier und Mehl eingesetzt. Reste dieser Verbindungen können insbesondere aus Kunststoffen auch noch lange nach ihrer Verarbeitung ausgasen. Außerdem können z. B. Substanzen wie Ether, die vielfach als Lösungsmittel in Farben, Lacken, Klebstoffen und Reinigungsmitteln eingesetzt werden, nach deren Anwendung durch Reaktion mit Ozon oder Luftsauerstoff unter Lichteinwirkung Peroxide bilden. Aufgrund des vermuteten hohen toxischen Potentials einiger Peroxide erscheint es daher dringend notwendig, in Innenraumluft vorkommende organische Peroxyverbindungen zu charakterisieren und zu quantifizieren. Damit soll die Beschreibung und Beurteilung der Immissionssituation in Innenräumen um eine wichtige Stoffklasse erweitert und ein Beitrag zum Schutz der menschlichen Gesundheit geleistet werden.

Zu diesem Zweck wurden im Rahmen dieser Arbeit analytische Methoden entwickelt, die eine gleichzeitige Bestimmung hydrophiler sowie lipophiler organischer Peroxide in Innenraumluft im Spurenbereich ermöglichen. Zur Erfassung organischer Peroxide, die thermisch instabil sind und in sehr niedrigen Konzentrationen vorliegen, wurde eine geeignete Probenahme- und Anreicherungsmethode entwickelt. Mit Hilfe der in dieser Arbeit entwickelten Methoden wurden erste Testanalysen von Innenraum- und Außenluft durchgeführt, um deren Belastung mit organischen Peroxiden zu bestimmen.

Zur Probenahme- und Anreicherung organischer Peroxide wurde ein Verfahren entwickelt, bei dem die zu beprobende Luft direkt durch ein mit Adsorbens gefülltes Extraktionsröhrchen gesaugt wird, das anschließend mit überkritischem Kohlendioxid extrahiert werden kann. Die Wiederfindungsrate für polare organische Peroxide ist jedoch noch nicht zufriedenstellend, obwohl Methanol als Modifier eingesetzt wurde; hier ist durch Optimierung eine Erhöhung der Extraktionsausbeute wünschenswert.

Nach HPLC-Trennung der peroxidhaltigen Probe an einer C18 reversed phase-Säule wird das Eluat mit UV-Licht bestrahlt, wodurch inerte organische Peroxide in Anwesenheit von

Wasser zu H_2O_2 und reaktiven Hydroperoxiden umgewandelt werden können. Anschließend werden die Derivatisierungsreagenzien p-Hydroxyphenylessigsäure (PES) und Meerrettichperoxidase zugesetzt, die mit reaktiven Peroxiden unter Bildung des fluoreszenzaktiven PES-Dimers reagieren. Auf diese Weise können sowohl aktive als auch inerte peroxidische Verbindungen nebeneinander bestimmt werden. Durch Optimierung verschiedener Parameter der Trennung, UV-Bestrahlung und Derivatisierung werden Nachweisgrenzen für reaktive Peroxide bis 14 ng/ml und für inerte Peroxide von 5 bis 0,1 µg/ml erreicht. Es wurden Interferenzen durch Phenole und Ether infolge der UV-Bestrahlung beobachtet, wobei die Phenol-Interferenzen durch Stop der Zumischung der Derivatisierungsreagenzien zu identifizieren waren.

Mit Hilfe der On-Column-Injektion und bei Verwendung eines Retentiongaps können flüchtige organische Peroxide auch mit einer gaschromatographischen Methode bestimmt werden, wenn die Injektionstemperatur und die Anfangstemperatur des Säulenofens so niedrig wie möglich und die Aufheizrate des Säulenofens ebenfalls niedrig sind. Unter den gegebenen Bedingungen konnte keine Beeinflussung der Analyse durch thermische Zersetzung der untersuchten Peroxide auf der Säule beobachtet werden. Die entwickelte GC-Methode zur Bestimmung flüchtiger organischer Peroxide ist einfach, jedoch wenig selektiv. Es wurde beobachtet, daß Dichlormethan in Anwesenheit von Peroxiden bei Raumtemperatur unter Bildung von Polymeren reagiert. So ist es notwendig, die in Dichlormethan gelöste Peroxidprobe vor der Analyse im Kühlschrank aufzubewahren.

Zur Bestimmung organischer Peroxide wurden im Rahmen dieser Arbeit auch einige weitere Methoden getestet. Mit der sogenannten ATD-GC-MS-Methode ist von den untersuchten organischen Peroxiden nur Di-tert-butylperoxid quantitativ und qualitativ zu analysieren. Die anderen Peroxide werden während der thermischen Desorption im ATD zersetzt. Die Untersuchung mit einem Cypridina Luciferin-Analogen als Chemilumineszenz-Reagenz hat gezeigt, daß außer für Wasserstoffperoxid die Differenz der Chemilumineszenz-Intensität zwischen der Blindprobe und einigen ppm Peroxyverbindung nicht groß genug ist, um organische Peroxide mit dieser Methode im Spurenbereich detektieren zu können. Die Detektion mit Hilfe eines elektrochemischen Detektors erfüllt ebensowenig die Forderung, hydrophile sowie lipophile organische Peroxide im Spurenbereich analysieren zu können.

Mit der im Rahmen dieser Arbeit entwickelten Probenahme-, Anreicherungs- und Analysemethode konnten einige organische Peroxide in der Innenraumluft eines neuen Pkws, einer neu eingerichteten Küche und eines Kopierzentrums gefunden werden. Die Peroxide in der Innenraumluft des Pkws und der Küche könnten aus Kunststoffen stammen, für deren Polymerisation diese Verbindungen als Initiator verwendet wurden. Dies ist sehr wahrscheinlich für die drei im Pkw als TBPB, DTBP und TBCP identifizierten Peroxide, die in der Kunststoffindustrie als Initiatoren Verwendung finden. Die im Kopierzentrum gefundenen Peroxide, die nicht identifiziert werden konnten, sind möglicherweise Produkte der Ozonolyse von Kohlenwasserstoffen.

Das Ergebnis dieser ersten Testanalysen unterstreicht die Notwendigkeit, die Belastung von Innenraumluft durch organische Peroxide systematisch zu untersuchen. Diese Arbeit stellt das dazu erforderliche methodische Instrumentarium bereit.

7. Literaturverzeichnis

Allen K. G. D., Huang C.-J. und Morin C. L. (1990) Determination of picomole quantitites of hydroperoxides by a coupled glutathione peroxidase and glutathione disulfide specific glutathione reductase assay. *Anal. Biochem.* **186**, 108-111.

Ashraf-Khorassani M., Gidanian S. und Yamini Y. (1995) Effect of pressure, temperature, modifier, modifier concentration, and sample matrix on the supercritical fluid extraction efficiency of different phenolic compounds. *J. Chromatogr. Sci.* **33**, 658-662.

Atkinson R. und Aschmann S. M. (1993) OH Radical production from the gas-phase reactions of O_3 with a series of alkenes under atmospheric conditions. *Environ. Sci. Technol.* **27**, 1357-1363.

Atkinson R. und Carter W. P. L. (1984) Kinetics and mechanisms of the gas-phase reactions of ozone with organic compounds under atmospheric conditions. *Chem. Rev.* **84**, 437-470.

Atkinson R., Baulch D. L., Cox R. A., Hampson Jr. R. F., Kerr J. A. und Troe J. (1989) Evaluated kinetic and photochemical data for atmospheric chemistry: Supplement III. *J. Phys. Chem. Ref. Data* **18**, No. 2.

Ayers G. P., Penkett S. A., Gillett R. W., Bandy B., Galbally I. E., Meyer C. P., Elsworth C. M., Bentley S. T. und Forgan B. W. (1996) The annual cycle of peroxides and ozone in marine air at Cape Grim, Tasmania. *J. Atmos. Chem.* **23**, 221-252.

Bailey P. S. (1982) Ozonation in Organic Chemistry, Vol. 1, Academic Press, New York.

Baj S. (1994) Quantitative determination of organic peroxides. *Fresenius J. Anal. Chem.* **350**, 159-161.

Becker K. H., Bechara J. und Brockmann K. J.(1993) Studies on the formation of H_2O_2 in the ozonolysis of alkenes. *Atmos. Environ.* **27A**, 57-61.

Becker K. H., Brockmann K. J. und Bechara J.(1990) Production of hydrogen peroxide in forest air by reaction of ozone with terpenes. *Nature* **346**, 256-258.

Berglund B., Berglund U. und Lindvall T. (1986) Assessment of Discomfort and Irritation from the Indoor air. Proceedings of the ASHRAE Conference IAQ **138**, Atlanta, Georgia, USA.

Bohlmann F. und Zdero C. (1977) Einige Inhaltsstoffe der Gattung Chromolaena. *Chem. Ber.* **110**, 487-490.

Bøwadt S. und Hawthorne S. B. (1995) Supercritical fluid extraction in environmental analysis. *J. Chromatogr. A* **703**, 549-571.

Boysen M. et al. (1990) Die Kunststoffe: Chemie, Physik. Technologie-Kunststoff Handbuch Bd. 1, Carlowitz B. (Hrsg.), Carl Hanser Verlag, München, Wien.

Bridbord K., Brubaker P. E., Gay Jr. B. und French J. G. (1975) Exposure to halogenated hydrocarbons in the indoor environment. *Environ. Health Perspectives* **11**, 215-220.

Brockmann K. J. (1992) Untersuchungen zur Chemie der atmosphärischen Peroxide. Dissertation, Bergische Universität-Gesamthochschule Wuppertal.

Bundesarbeitsblatt **1**, (1992).

Bundesministerium für Ernährung, Landwirtschaft und Forsten (1996) Waldzustand 1996.

Butler L. G. (1979) Enzymes in non-aqueous solvents. *Enzyme Microb. Technol.* **1**, 253-259.

Cailleux A., Turcant A., Premel-Cabic A. und Allain P. (1993) Volatile organic compounds in indoor air and in expired air as markers of activities. *Chromatographia* **37**, 57-59.

Calvert J. G. und Pitts Jr. J. N. (1967) Photochemistry, John Wiley & Sons Inc., New York, London, Sydney.

Calvert J. G., Lazrus A., Kok G. L., Heikes B. G., Walega J. G., Lind J. und Cantrell C. A. (1985) Chemical mechanisms of acid generation in the troposphere. *Nature* **317**, 27-35.

Calvert J.G. und Madronich S. (1989) Theoretical study of the initial products of the atmospheric oxidation of hydrocarbons. *J. Geophys. Res.* **92**, 2211-2220.

Camel V. und Caude M. (1995) Trace enrichment methods for the determination of organic pollutants in ambient air. *J. Chromatogr. A* **710**, 3-19.

Cao X.-L. und Hewitt C. N. (1994) Study of the degradation by ozone of adsorbents and of hydrocarbons adsorbed during the passive sampling of air. *Environ. Sci. Technol.* **28**, 757-762.

Chakrabarti K., Rennenberg H. und Polle A. (1991) Interaction of plants and atmospheric hydrogen peroxide. In: Eurotrac Symposium 90, Transformation of pollutants in the troposphere, Borrell P., Borrell P. M. und Seiler W. (Hrsg.), SPD Academic Publishing, den Haag.

Chameides W. L. (1984) The photochemistry of a remote marine stratiform cloud. *J. Geophys. Res.* **89**, 4739-4755.

Chen J. und Pawliszyn J. B. (1995) Solid phase microextraction coupled to high-performance liquid chromatography. *Anal. Chem.* **67**, 2530-2533.

Chester T. L., Pinkston J. D. und Raynie D. E. (1996) Supercritical fluid chromatography and extraction. *Anal. Chem.* **68**, 487R-514R.

Christen H. R. und Vögtle F. (1988) Organische Chemie-Von den Grundlagen zur Forschung, Bd. 1, 1. Auflage, Otto Salle/Sauerländer, Frankfurt am Main.

Ci Y.-X. und Wang F. (1990a) Spectrofluorimetric determination of hydrogen peroxide based on the catalytic effect of peroxidase-like manganese tetrakis(sulphophenyl)porphyrin on the oxidation of homovanillic acid. *Anal. Chim. Acta* **233**, 299-302.

Ci Y.-X. und Wang F. (1990b) Studies on catalytic fluorescence formation with peroxidase-like metallotetrakis-(N-methylpyridiniumyl)porphyrins. *Talanta* **37**, 1133-1136.

Ci Y.-X. und Wang F. (1990c) Mimesis of peroxidase by Mn-TMPyP in the catalytic fluorescence reaction of the homovanillic acid-hydrogen peroxide system. *Mikrochim. Acta* **I**, 63-68.

Ciccioli P., Cecinato A., Brancaleoni E., Frattoni M. und Liberti A. (1992) Use of carbon adsorption traps combined with high resolution gas chromatography-mass spectrometry for the analysis of polar and non-polar C_4-C_{14} hydrocarbons involved in photochemical smog formation. *J. High Res. Chromatogr.* **15**, 75-84.

Cornish L. A., Ferrie R. und Paterson J. E. (1981) High pressure liquid chromatography of some organic peroxides. *J. Chromatogr. Sci.* **19**, 85-87.

Cramer G., Miller J. F., Pendleton R. B. und Lands W. E. M. (1991) Iodometric measurement of lipid hydroperoxides in human plasma. *Anal. Biochem.* **193**, 204-211.

Csöregi E., Gorton L. und Marko-Varga G. (1994) Peroxidase-modified carbon fiber microelectrodes in flow-through detection of hydrogen peroxide and organic peroxides. *Anal. Chem.* **66**, 3604-3610.

Dasgupta P. K. (1980) Discussion on the importance of atmospheric ozone and hydrogen peroxide in oxidizing sulphur dioxide in cloud and rainwater. *Atmos. Environ.* **14**, 272-275.

Dasgupta P. K. und Hwang H. (1985) Application of a nested loop system for the flow injection analysis of trace aqueous peroxides. *Anal. Chem.* **57**, 1009-1012.

Dasgupta P. K., Dong S., Hwang H., Yang H.-C. and Genfa Z. (1988) Continuous liquid-phase fluorometry coupled to a diffusion scrubber for the real-time determination of atmospheric formaldehyde, hydrogen peroxide and sulfur dioxide. *Atmos. Environ.* **22**, 949-963.

De Bortoli M., Knöppel H., Pecchio E., Peil A., Rogora L., Schauenburg H., Schlitt H. und Vissers H. (1986) Concentrations of selected organic pollutants in indoor and outdoor air in northern Italy. *Environ. Int.* **12**, 343-350.

Deelder R. S., Kroll M. G. F.und Van den Berg J. H. M. (1976) Determination of trace amounts of hydroperoxides by column liquid chromatography and colorimetric detection. *J. Chromatogr.* **125**, 307-314.

DeMore W. B., Molina M. J., Sander S. P., Golden D. M., Hampson R. F., Kurylo M. J., Howard C. J. und Ravishankara A. R. (1987) Chemical kinetics and photochemical data for use in stratospheric modelling. Evaluation No. 8, NASA, JPL publication.

Doerffel K. (1987) Statistik in der Analytischen Chemie. VCH Verlag, Weinheim.

Dong S. und Guo Y. (1994) Organic phase enzyme electrode operated in water-free solvents. *Anal. Chem.* **66**, 3895-3899.

Dorn M. (1993) Organische Peroxide: Initiatoren für die Kunststoffindustrie, Die Bibliothek der Wissenschaft, Bd. 1, Verlag Moderne Industrie, Landsberg/Lech.

Dunford H. B. und Stillman J. S. (1976) On the function and mechanism of action of peroxidases. *Coordination Chem. Rev.* **19**, 187-251.

Ebermann R. und Couperus A. (1987) A nonenzymatic method for determination of hydrogen peroxide and organic peroxides. *Anal. Biochem.* **165**, 414-419.

Eckard P. R. und Taylor L. T. (1996) Trapping Capacities of three solid phases for supercritical fluid extraction with pure carbon dioxide. *J. High Resol. Chromatogr.* **19**, 117-120.

El-Saadani M., Esterbauer H., El-Sayed M., Goher M., Nassar A. Y. und Jürgens G. (1989) A spectrophotometric assay for lipid peroxides in serum lipoproteins using a commercially available reagent. *J. Lipid Research* **30**, 627-630.

Etzel J. (1993) Identifizierung und Charakterisierung der peroxidischen Reaktionsprodukte bei der Ozonisierung organischer Wasserinhaltsstoffe. Dissertation, Universität Karlsruhe.

Fabian P. (1992) Atmosphäre und Umwelt, 4. Auflage, Springer-Verlag, Berlin, Heidelberg.

Feron V. J., Til H. P., Flora de Vrijer und Van Bladeren P. J. (1992) Toxicology of volatile organic compounds in indoor air and strategy for further research. *Indoor Environ.* **1**, 69-81.

Finlayson-Pitts B. J. und Pitts J. N. Jr. (1986) Atmospheric Chemistry, J. Wiley, New York.

Fisher A. A. (1989) Allergic baker´s dermatitis due to benzoyl peroxide. *Current Contact News* **43**, 128-129.

Forschungsbeirat Waldschäden/Luftverunreinigungen (1989) Dritter Bericht, KfA Jülich.

Funk M. O. (1987) The electroanalytical approach to lipid peroxide determinations. *Free Radical Biology & Medicine* **3**, 319-321.

Funk M. O. und Baker W. J. (1985) Determination of organic peroxides by high performance liquid chromatography with electrochemical detection. *J. Liquid Chromatogr.* **8**, 663-675.

Funk M. O., Keller M. B. und Levison B. (1980) Determination of peroxides by high performance liquid chromatography with amperometric detection. *Anal. Chem.* **52**, 771-773.

Funk M. O., Walker Jr. P. und Andre J. C. (1987) 1020-An electroanalytical approach to the determination of lipid peroxides. *Bioelectrochemistry and Bioenergetics* **18**, 127-135, a section of *J. Electroanal. Chem* **232.**

Gäb S., Hellpointner E., Turner W. V. und Korte F. (1985) Hydroxymethyl hydroperoxide and bis(hydroxymethyl)peroxide from gas-phase ozonolysis of naturally occurring alkenes. *Nature* **316**, 535-536.

Gäb S., Turner W. V., Wolff S., Becker K. H., Ruppert L. und Brockmann K. J. (1995) Formation of alkyl and hydroxyalkyl hydroperoxides on ozonolysis in water and in air. *Atmos. Environ.* **29**, 2401-2407.

Gaffney J. S. und Senum G. I. (1984) Peroxides, peracids, aldehydes and PANs and their links to nature and anthropogenic organic sources. In: Gas-Liquid Chemistry of Natural Waters, Vol. 1, Newman L. (Hrsg.), Brookhaven National Laboratory, New York.

Gaffney J. S., Streit G. E., Spall W. D. und Hall J. H. (1987) Beyond acid rain-Do soluble oxidants and organic toxins interact with SO_2 and NO_x to increase ecosystem effects? *Environ. Sci. Technol.* **21**, 519-524.

Gammage R. B. und Kaye S. V. (Hrsg.) (1984) Indoor Air and Human Health, Proceedings of the Seventh Life Sciences Symposium, Knoxville, Tennessee, USA.

Gebicki J. M. und Guille J. (1989) Spectrophotometric and high-performance chromatographic assays of hydroperoxides by the iodometric technique. *Anal. Biochem.* **176**, 360-364.

Genfa Z. und Dasgupta P. K. (1992) Hematin as a peroxidase substitute in hydrogen peroxide determinations. *Anal. Chem.* **64**, 517-522.

Grob Jr. K. (1982) „Band broadening in space“ and the „retention gap“ in capillary gas chromatography. *J. Chromatogr.* **237**, 15-23.

Grob Jr. K. (1983) Solvent effects in capillary gas chromatography. *J. Chromatogr.* **279**, 225-232.

Grob Jr. K. und Müller R. (1982) Some technical aspects of the preparation of a „retention gap“ in capillary gas chromatography. *J. Chromatogr.* **244**, 185-196.

Guido D. M., McKenna R. und Mathews W. R. (1993) Quantitation of hydroperoxy-eicosatetraenoic acids and hydroxy-eicosatetraenoic acids as indicators of lipid peroxidation using gas chromatography-mass spectrometry. *Anal. Biochem.* **209**, 123-129.

Guilbault G. G. (1990) Practical Fluorescence-Modern Monographs in Analytical Chemistry, 2nd edition, Marcel Dekker, New York.

Guilbault G. G., Brignac Jr. P. J. und Juneau M. (1968) New substrates for the fluorometric determination of oxidative enzymes. *Anal. Chem.* **40**, 1256-1263.

Gunz D. W. und Hoffmann M. R. (1990) Atmospheric chemistry of peroxides: A review. *Atmos. Environ.* **24A**, 1601-1633.

Halliwell B. und Gutteridge J. M. C. (1985) Free Radicals in Biology and Medicine, Clarendon Press, Oxford.

Hamilton J. E. und Lii R.-R. (1977) The dependence on H_2O and NH_3 of the kinetics of the self-reaction of HO_2 in the gas-phase formation of $HO_2{\cdot}HO_2$ and $HO_2{\cdot}NH_3$ complexes. *Int. J. Chem. Kin.* **9**, 875-885.

Hanst P. L. und Gay B. W. Jr. (1983) Atmospheric oxidation of hydrocarbons: Formation of hydroperoxides and peroxyacids. *Atmos. Environ.* **17**, 2259-2265.

Hartkamp H. und Bachhausen P. (1987) A method for the determination of hydrogen peroxide in air. *Atmos. Environ.* **21**, 2207-2213.

Hatakeyama S. und Akimoto H. (1994) Reactions of Criegee intermediates in the gas phase. *Res. Chem. Intermed.* **20**, 503-524.

Hawthorne S. B. und Miller D. J. (1986) Extraction and recovery of organic pollutants from environmental solids and Tenax-GC using supercritical CO_2. *J. Chromatogr. Sci.* **24**, 258-264.

Hawthorne S. B., Galy A. B., Schmitt V. O. und Miller D. J. (1995) Effect of SFE flow rate on extraction rates: classifying sample extraction behavior. *Anal. Chem.* **67**, 2723-2732.

Hawthorne S. B., Langenfeld J. J., Miller D. J. und Burford M. D. (1992) Comparison of supercritical $CHClF_2$, N_2O and CO_2 for the extraction of polychlorinated biphenyls and polycyclic aromatic hydrocarbons. *Anal. Chem.* **64**, 1614-1622.

Heck W. W. (1989) Assessment of crop losses from air pollutants in the United States. In: Air Pollutants' Toll on Forests and Crops, Mackenzie J. J. und El-Ashry M. T. (Hrsg.), Yale University Press, New Haven und London.

Heikes B. G., Lazrus A. L., Kok G. L., Kunen S. M., Gandrud B. W., Gitlin S. N. und Sperry P. D. (1982) Evidence for aqueous phase hydrogen peroxide synthesis in the troposphere. *J. Geophys. Res.* **87**, 3045-3051.

Hellpointner E. (1985) Zur Ozonreaktion ausgewählter anthropogener und natürlicher Olefine in Gegenwart protonenaktiver Substanzen. Dissertation, TU München-Weihenstephan.

Hellpointner E. und Gäb S. (1989) Detection of methyl, hydroxymethyl and hydroxyethyl hydroperoxides in air and precipitation. *Nature* **337**, 631-634.

Helmig D. und Vierling L. (1995) Water adsorption capacity of the solid adsorbents Tenax TA, Tenax GR, Carbotrap, Carbotrap C, Carbosieve SIII, and Carboxen 569 and water management techniques for the atmospheric sampling of volatile organic trace gases. *Anal. Chem.* **67**, 4380-4386.

Hewitt C. N. und Kok G. L. (1991) Formation and occurrence of organic hydroperoxides in the troposphere: Laboratory and field observations. *J. Atmos. Chem.* **12**, 181-194.

Hewitt C. N., Kok G. L. und Fall R. (1990) Hydroperoxides in plants exposed to ozone mediate air pollution damage to alkene emitters. *Nature* **344**, 56-58.

Hicks M. und Gebicki J. M. (1979) A spectrophotometric method for the determination of lipid hydroperoxides. *Anal. Biochem.* **99**, 249-253.

Hills J. W. und Hill H. H. (1993) Carbon dioxide supercritical fluid extraction with a reactive solvent modifier for the determination of polycyclic aromatic hydrocarbons. *J. Chromatogr. Sci.* **31**, 6-12.

Hinton C. (1995) The Kinetics and Selectivity of Diacyl Peroxide Decomposition in an Extended Pressure and Temperature Range. Dissertation, Georg-August-Universität zu Göttingen.

Holmberg P. C. (1977) Central nervous defects in two children of mothers exposed to chemicals in the reinforced plastics industry. *Scand. J. Work Environ. & Health* **3**, 212-214.

Horie O., Neeb P., Limbach S. und Moortgat G. K. (1994) Formation of formic acid and organic peroxides in the ozonolysis of ethene with added water vapour. *Geophys. Res. Lett.* **21**, 1523-1526.

Hoskins J. A., Brown R. C.und Levy L. S. (1993) Current levels of air contaminants in indoor air in Europe: A review of real situations. *Indoor Environ.* **2**, 246-256.

Hughes H., Smith C. V., Horning E. C. und Mitchell J. R. (1983) High-performance liquid chromatography and gas chromatography-mass spectrometry determination of specific lipid peroxidation products in vivo. *Anal. Biochem.* **130**, 431-436.

Hwang H. und Dasgupta P. K. (1986) Fluorometric flow injection determination of aqueous peroxides at nanomolar level using membrane reactors. *Anal. Chem.* **58**, 1521-1524.

Ibusuki T. (1983) Influence of trace metals on the determination of hydrogen peroxide in rainwater by using a chemiluminescent technique. *Atmos. Environ.* **17**, 393-396.

Iwaoka T., Tabata F. und Takahashi T. (1987) Lipid peroxidation and lipid peroxide detected by chemiluminescence. *Free Radical Biology & Medicine* **3**, 329-333.

Jacob P., Tavares T. M. und Klockow D. (1986a) Methodology for the determination of gaseous hydrogen peroxide in ambient air. *Fresenius Z. Anal. Chem.* **325**, 359-364.

Jacob P., Bambauer A., Tavares T. M. und Klockow D. (1986b) Field investigations on the variability of H_2O_2 concentration in atmospheric gas phase. In: Physico-Chemical behaviour of atmospheric pollutants, Proceeding of the Fourth European Symposium, Stresa, Italy.

Jacob P., Neftel A. und Klockow D. (1987) Die Peroxyoxalat-Chemilumineszenz und ihre Anwendung zur Bestimmung von Wasserstoffperoxid in der Außenluft und in Niederschlägen. *VDI Ber.* **608**, 377-399.

Jefford C. W. (1993) The photo-oxygenation of olefins and the role of zwitterionic peroxides. *Chem. Soc. Rev.* **22**, 59-66.

Jensen R. K., Zinbo M. und Korcek S. (1983) HPLC determination of hydroperoxidic products formed in the autoxidation of n-hexadecane at elevated temperatures. *J. Chromatogr. Sci.* **21**, 394-397.

Jiang Z.-Y., Hunt J. V. und Wolff S. P. (1992) Ferrous ion oxidation in the presence of xylenol orange for detection of lipid hydroperoxide in low density lipoprotein. *Anal. Biochem.* **202**, 384-389.

Jiang Z.-Y., Woollard A. C. S. und Wolff S. P. (1991) Lipid hydroperoxide measurement by oxidation of xylenol orange. Comparison with the TBA assay and an iodometric method. *Lipids* **26**, 853-856.

Johansson I. (1978) Determination of organic compounds in indoor air with potential reference to air quality. *Atmos. Environ.* **12**, 1371-1377.

Juo R.-R. und Herz W. (1985) Photooxygenation of (R)-p-Mentha-3,8(9)-diene and 1-Isopropenyl-3,4-dihydronaphthalene. Preparation of (R)-Menthofuran, (R)-Evodone, and (±)-Chromolaenin. *J. Org. Chem.* **50**, 700-703.

Kerr G. (1993) Chemical emissions during recarpeting of a canadian office building. *Indoor Environ.* **2**, 383-390.

Kettrup A., Kicinski H. G. und Masuch G. (1991) Investigating the effect of hydrogen peroxide on norway spruce trees. *Anal. Chem.* **63**, 1047A-1056A.

Kieber R. J. und Helz G. R. (1986) Two-method verification of hydrogen peroxide determinations in natural waters. *Anal. Chem.* **58**, 2312-2315.

Kikugawa K., Nakahara T., Taniguchi Y. und Tanaka M. (1985) Chromogenic determination of lipid hydroperoxides by sesamol dimer. *Lipids* **20**, 475-481.

Kleinman L. I. (1986) Photochemical formation of peroxides in the boundary layer. *J. Geophys. Res.* **91**, 10889-10904.

Kleinman L. I. (1991) Seasonal dependence of boundary layer peroxide concentration: the low and high NO_x regimes. *J. Geophys. Res.* **96**, 20721-20733.

Kok G. L., Darnall K. R., Winer A. M., Pitts Jr. J. N. und Gay B. W. (1978) Ambient air measurements of hydrogen peroxide in the California south coast air basin. *Environ. Sci. Technol.* **12**, 1077-1080.

Kok G. L., Thompson K. und Lazrus A. L. (1986) Derivatization technique for the determination of peroxides in precipitation. *Anal. Chem.* **58**, 1192-1194.

Kok G. L., Walega J. G., Heikes B. G., Lind J. A. und Lazrus A. L. (1990) Measurements of hydrogen peroxide and formaldehyde in Glendora, California. *Aerosol Sci. Technol.* **12**, 49-55.

Kostiainen R. (1995) Volatile organic compounds in the indoor air of normal and sick houses. *Atmos. Environ.* **29**, 693-702.

Kümmel R. und Papp S. (1988) Umweltchemie, 1. Auflage, VEB Deutscher Verlag für Grundstoffindustrie, Leipzig.

Kurth H.-H. (1992) Bestimmung von Wasserstoffperoxid und organischen Hydroperoxiden in pg-Mengen. Dissertation, TU München-Weihenstephan.

Kurth H.-H., Gäb S., Turner W. V. und Kettrup A. (1991) A high-performance liquid chromatography system with an immobilized enzyme reactor for detection of hydrophilic organic peroxides. *Anal. Chem.* **63**, 2586-2589.

Lanças F. M., Barbirato M. A., Galhiane M. S. und Rissato S. R. (1996) Supercritical fluid extraction of chlorothalonil residues from apples. *Chromatographia* **42**, 547-550.

Langenfeld J. J., Hawthorne S. B. und Miller D. J. (1996) Quantitative analysis of fuel-related hydrocarbons in surface water and wastewater samples by solid-phase microextraction. *Anal. Chem.* **68**, 144-155.

Langenfeld J. J., Hawthorne S. B., Miller D. J. und Pawliszyn J. (1993) Effects of temperature and pressure on supercritical fluid extraction efficiencies of polycyclic aromatic hydrocarbons and polychlorinated biphenyls. *Anal. Chem.* **65**, 338-344.

Lasch J. (1987) Enzymkinetik. Springer-Verlag, Berlin, Heidelberg, New York, London, Paris, Tokyo.

Lazrus A. L., Kok G. L., Gitlin S. N., Lind J. A. und McLaren S. E. (1985) Automated fluorometric method for hydrogen peroxide in atmospheric precipitation. *Anal. Chem.* **57**, 917-922.

Lazrus A. L., Kok G. L., Lind J. A., Gitlin S. N., Heikes B. G. und Shetter R. E. (1986) Automated fluorometric method for hydrogen peroxide in air. *Anal. Chem.* **58**, 594-597.

Lee J. H. und Tang I. N. (1990) Nonenzymatic method for the determination of hydrogen peroxide in atmospheric samples. *Anal. Chem.* **62**, 2381-2384.

Lee J. H. und Tang I. N. (1994) Improved nonenzymatic method for the determination of gas-phase peroxides. *Environ. Sci. Technol.* **28**, 1180-1185.

Lee J. H., Leahy D. F., Tang I. N. und Newman L. (1993) Measurement and speciation of gas phase peroxides in the atmosphere. *J. Geophys. Res.* **98**, 2911-2915.

Lee M. L. und Markides K. E. (1990) Analytical Supercritical Fluid Chromatography and Extraction. Chromatography Conferences Inc., Provo, Utah, USA.

Lind J. A. und Kok G. L. (1986) Henry´s law determinations for aqueous solutions of hydrogen peroxide, methyl hydroperoxide, and peroxyacetic acid. *J. Geophys. Res.* **91**, 7889-7895.

Little J. C., Hodgson A. T. und Gadgil A. J. (1994) Modeling emissions of volatile organic compounds from new carpets. *Atmos. Environ.* **28**, 227-234.

Logan J. A., Prather S. C., Wofsy S. C. und McElroy M. B. (1981) Tropospheric chemistry: A global perspective. *J. Geophys. Res.* **86**, 7210-7254.

Lunau F. W. (1993) Air quality standards in offices: Should they be health or comfort based? *Indoor Environ.* **2**, 213-216.

MacLeod G. und Ames J. (1986) Comparative assessment of the artifact background on thermal desorption of Tenax GC and Tenax TA. *J. Chromatogr.* **335**, 393-398.

Madronich S. und Calvert J. G. (1990) Permutation reactions of organic peroxy radicals in the troposphere. *J. Geophys. Res.* **95**, 5697-5715.

Maguhn J., Gäb S., Knoppik D., Seliger H. und Drenkard S. (1989a) Der Einfluß organischer Peroxide auf die Photosynthese von Fichten. Proceedings des 1. Statusseminars der PBWU zum Forschungsschwerpunkt "Waldschäden", GSF-Bericht 6/89, Neuherberg.

Maguhn J. (1989b) Der Einfluß organischer Peroxide auf die Photosynthese von Fichten. Schlußbericht zum Vorhaben, Projektgruppe Bayern zur Erforschung der Wirkung von Umweltschadstoffen (PBWU).

Maguhn J., Kurth H.-H., Gäb S. und Knoppik D. (1991a) Die Wirkung gasförmiger Hydroperoxide auf die Photosynthese von Fichten. Proceedings des 2. Statusseminars der PBWU zum Forschungsschwerpunkt "Waldschäden", GSF-Bericht 26/91, Neuherberg.

Maguhn J. (1991b) Der Einfluß organischer Peroxide auf die Photosynthese von Fichten (Fortsetzung). Schlußbericht zum Vorhaben, Projektgruppe Bayern zur Erforschung der Wirkung von Umweltschadstoffen (PBWU).

Maguhn J., Selinger H., Ziegler-Jöns A. und Knoppik D. (1994) Die Wirkung von Photooxidantien auf Sommerweizen (*Triticum aestivum* L. Star). *Z. Umweltchem. Ökotox.* **6**, 123-130.

Mahanama K. R. R., Gundel L. A. und Daisey J. M. (1994) Selective fluorescence detection of polycyclic aromatic hydrocarbons in environmental tobacco smoke and other airborne particles. *Intern. J. Anal. Chem.* **56**, 289-309.

Mair R. D. und Hall R. T. (1971) Determination of Organic Peroxides by Physical, Chemical, and Colorimetric Methods. In: Organic Peroxides Vol. 2, Swern D. (Hrsg.), John Wiley & Sons Inc., New York.

Masuch D., Kettrup A., Mallant R. K. A. M. und Slanina J. (1985) Wirkung von wasserstoffperoxidhaltigem sauren Nebel auf die Laubblätter junger Buchen. *VDI-Ber.* **560**, 761-776.

Masuch G., Kettrup A., Mallant R. K. A. M. und Slanina J. (1986) Effects of H_2O_2-containing acidic fog on young trees. *Intern. J. Environ. Anal. Chem.* **27**, 183-213.

Masuch G., Kicinski H. G., Dülme W., Kettrup A. (1989) Hydrogen peroxide dissolved in acidic fog as air pollutant - effects on spruce needles. *Intern. J. Environ. Anal. Chem.* **37**, 161-185.

Matisová E. und Škrabáková S. (1995) Carbon sorbents and their utilization for the preconcentration of organic pollutants in environmental samples. *J. Chromatogr. A* **707**, 145-179.

Miao Z., Yang M. J. und Pawliszyn J. (1995) Extraction of airborne organic contaminants from adsorbents using supercritical fluid. *J. Chromatogr. Sci.* **33**, 493-499.

Middleton P., Kiang C. S. und Mohnen V. A. (1980) Theoretical estimates of the relative importance of various urban sulfate aerosol production mechanisms. *Atmos. Environ.* **14**, 463-472.

Miszkiewicz W. und Szymanowski J. (1996) Analysis of nonionic surfactants with polyoxyethylene chains by high-performance liquid chromatography. *Critical Reviews in Anal. Chem.* **25(4)**, 203-246.

Miyazawa T., Fujimoto K. und Kaneda T. (1987) Detection of picomole levels in lipid hydroperoxides by a chemiluminescence assay. *Agric. Biol. Chem.* **51**, 2569-2573.

Mol H. G. J., Janssen H.-G. M., Cramers C. A., Vreuls J. J. und Brinkman U. A. T. (1995) Trace level analysis of micropollutants in aqueous samples using gas chromatography with on-line sample enrichment and large volume injection. *J. Chromatogr. A* **703**, 277-307.

Möller D. (1988) Production of free radicals by an ozone-alkene reaction - a possible factor in the new-type forest decline? *Atmos. Environ.* **22**, 2607-2611.

Möller D. (1989) The possible role of H_2O_2 in new-type forest decline. *Atmos. Environ.* **23**, 1625-1627.

Msc. Juan Valdes-Gonzalez L. (1991) Untersuchungen zur Anwendung immobilisierter Enzyme und Reagentien zur Probenahme und Bestimmung atmosphärischer Peroxide. Dissertation, Universität Dortmund.

Mulchandani A., Wang C.-L. und Weetall H. H. (1995) Amperometric detection of peroxides with poly(anilinomethylferrocene)-modified enzyme electrodes. *Anal. Chem.* **67**, 94-100.

Mullertz A., Schmedes A. und Hølmer G. (1990) Separation and detection of phospholipid hydroperoxides in the low nanomolar range by a high performance liquid chromatography/ ironthiocyanate assay. *Lipids* **25**, 415-417.

Nicoara S., Culea M., Palibroda N. und Cozar O. (1994) Volatile organic chemical pollutants in laboratory indoor air. *Indoor Environ.* **3**, 83-86.

Oette K., Peterson M. L. und McAuley R. L. (1963) A highly sensitive method for measurement of lipid hydroperoxides by iodometry and amperometric endpoint. *J. Lipid Research* **4**, 212-215.

Olszyna K. J., Meagher J. F. und Bailey E. M. (1988) Gas-phase, cloud and rain-water measurements of hydrogen peroxide at a high-elevation site. *Atmos. Environ.* **22**, 1699-1706.

Paul K. G., Ohlsson P.-I. und Wold S. (1979) *Acta Chem. Scand.* **33**, 747-754.

Peinado J., Toribio F. und Perez-Bendito D. (1986) Kinetic fluorimetric determination of organic peroxides and lipohydroperoxides at the nanomole level. *Talanta* **33**, 914-916.

Pellizzari E., Demian B. und Krost K. (1984) Sampling of organic compounds in the presence of reactive inorganic gases with Tenax GC. *Anal. Chem.* **56**, 793-798.

Penkett S. A., Jones B. M. R., Brice K. A. und Eggleton A. E. J. (1979) The importance of atmospheric ozone and hydrogen peroxide in oxidizing sulphur dioxide in cloud and rain water. *Atmos. Environ.* **13**, 123-137.

Peroxid-Chemie GmbH (1994) Firmenporträt, Produktionsprogramm.

Platt U., LeBras G., Poulet G., Burrows J. P. und Moortgat G. (1990) Peroxy radicals from night-time reaction of NO_3 with organic compounds. *Nature* **348**, 147-149.

Polle A. und Rennenberg H. (1989) Entgiftung von Peroxiden in Fichtennadeln am Schwerpunktstandort Kalkalpen (Wank). Proceedings des 1. Statusseminars der PBWU zum Forschungsschwerpunkt "Waldschäden", GSF-Bericht 6/89, Neuherberg.

Polle A., Chakrabarti K. und Rennenberg H. (1991) Entgiftung von Peroxiden in Fichtennadeln (Picea Abies L.) am Schwerpunktstandort Kalkalpen (Wank). Proceedings des

2. Statusseminars der PBWU zum Forschungsschwerpunkt "Waldschäden", GSF-Bericht 26/91, Neuherberg.

Possanzini M., Di Palo V. und Liberti A. (1988) Annular denuder method for determination of H_2O_2 in the ambient atmosphere. *Sci. Total Environ.* **77**, 203-214.

Preuschoff F., Spohn U., Blankenstein G., Mohr K.-H. und Kula M.-R. (1993) Chemiluminometric hydrogen peroxide sensor for flow injection analysis. *Fresenius J. Anal. Chem.* **346**, 924-929.

Rauhut M. M., Bollyky L. J., Roberts B. G., Loy M., Whitman R. H., Iannotta A. V., Semsel A. M. und Clarke R. A. (1967) Chemiluminescence from reactions of electronegatively substituted aryl oxalates with hydrogen peroxide and fluorescent compounds. *J. Am. Chem. Soc.* **89**, 6515-6522.

Reddy K. T., Cernansky N. P. und Cohen R. S. (1992) GC/on-column injection technique to detect dodecyl hydroperoxides and their decomposition products. *Anal. Chem.* **64**, 2273-2276.

Rennenberg H. (1988) Wirkung von Photooxidantien auf die Pflanze. Symposium: Verteilung und Wirkung von Photooxidantien im Alpenraum, Holzapfl R. und Thiele K. (Hrsg.), Fraunhofer-Institut für Atmosphärische Umweltforschung, Garmisch-Partenkirchen.

Rieche A. und Meister R. (1933) Über Peroxyde des Formaldehyds: Pertrioxymethylen und Tetraoxymethylen-Diperoxyd (X. Mitteil. über Alkylperoxyde). *Chem. Ber.* **66**, 718-727.

Rieche A. und Meister R. (1935) Über Peroxyde des Formaldehyds: Oxymethylhydro-peroxyd (XI. Mitteil. über Alkylperoxyde). *Chem. Ber.* **68**, 718-727.

Rothweiler H. und Schlatter C. (1993) Human exposure to volatile organic compounds in indoor air - a health risk. *Toxicol. Environ. Chem.* **40**, 93-102.

Rothweiler H., Wäger P. A. und Schlatter C. (1991) Comparison of Tenax TA and carbotrap for sampling and analysis of volatile organic compounds in air. *Atmos. Environ.* **25B**, 231-235.

Saito Y., Mifune M., Nakashima S., Odo J. und Tanaka Y. (1987) Determination of hydrogen peroxide with N,N-diethylaniline and 4-aminoantipyrine by use of an anion-exchange resin modified with manganese tetrakis(sulphophenyl)porphine as a substitute for peroxidase. *Talanta* **34**, 667-669.

Saito Y., Nakashima S., Mifune M., Odo J. und Tanaka Y. (1985) Determination of hydrogen peroxide by use of an anion-exchange resin modified with manganese tetrakis(sulfophenyl) porphine as a mimesis of peroxidase. *Anal. Chim. Acta* **172**, 285-287.

Sakugawa H. und Kaplan I. R. (1987) Atmospheric H_2O_2 measurement: comparison of cold trap method with impinger bubbling method. *Atmos. Environ.* **21**, 1791-1798.

Sakugawa H., Kaplan I. R., Tsai W. und Cohen Y. (1990) Atmospheric hydrogen peroxide. *Environ. Sci. Technol.* **24**, 1452-1462.

Sawada H., Masuyama K., Mitani M. und Nakayama M. (1990) Chemiluminescent determination of organic peroxides using cypridina luciferin derivatives. *Bunseki-Kagaku* **39**, 573-577.

Schulze E.-D. und Lange O. L. (1990) Die Wirkungen von Luftverunreinigungen auf Waldökosysteme. *Chemie in unserer Zeit* **24**, 117-130.

Schütt P. und Cowling E. B. (1985) Waldsterben, a general decline of forests in Central Europe: symptoms, developments, and possible causes. *Plant Disease* **69**, 548-558.

Schwedt G. (1981) Fluorimetrische Analyse-Methoden und Anwendungen, Verlag Chemie, Weinheim.

Scott G., Seitz W. R. und Ambrose J. (1980) Improved determination of hydrogen peroxide by measurement of peroxyoxalate. *Anal. Chim. Acta* **115**, 221-228.

Seifert B. und Ullrich D. (1987) Methodologies for evaluating sources of volatile organic chemicals (VOC) in homes. *Atmos. Environ.* **21**, 395-404.

Serves C. und Ross H. B. (1993) Comparison of collection devices for atmospheric peroxides. *Environ. Sci. Technol.* **27**, 2712-2718.

Shibata S. S., Terao J. und Matsushita S. (1986) Limitations of the method using peroxidase activity of hemoglobin for detecting lipid hydroperoxides. *Lipids* **21**, 792-795.

Sies H. (1986) Biochemie des oxidativen Streß. *Angew. Chemie* **98**, 1061-1075.

Simona N., Monica C., Palibroda N. und Cozar O. (1994) Volatile organic chemical pollutants in laboratory indoor air. *Indoor Environ.* **3**, 83-86.

Simonaitis R., Olszyna K. J. und Meagher J. F. (1991) Production of hydrogen peroxide and organic peroxides in the gas-phase reactions of ozone with natural alkenes. *Geophys. Res. Lett.* **18**, 9-12.

Sollinger S., Levsen K. und Wünsch G. (1994) Indoor pollution by organic emissions from textile floor coverings: Climate test chamber studies under static conditions. *Atmos. Environ.* **28**, 2369-2378.

Stanescu U., Farcas A. und Petruta V. (1982) Gas chromatographic analysis of ethylbenzene hydroperoxide. *Chromatographia* **15**, 183-185.

Stauff J. und Jaeschke W. (1972) Chemilumineszenz des 'Dioxetandions'. *Z. Naturforsch.* **27b**, 1434-1435.

Stenton S. C., Kelly C. A., Walters E. H. und Hendrick D. J. (1989) Occupational asthma due to a repair process for polyethylene-coated electrical cables. *J. Soc. Occup. Med.* **39**, 33-34.

Sterling D. A. (1984) Volatile organic compounds in indoor air: An overview of sources, concentrations, and health effects. In: Indoor Air and Human Health, Gammage R. B. und Kaye S. V. (Hrsg.), Knoxville, Tennessee, USA.

Stockwell W. R. (1994) The effect of gas-phase chemistry on aqueous-phase sulphur dioxide oxidation rate. *J. Atmos. Chem.* **19**, 317-329.

Strömvall A.-M. und Petersson G. (1992) Protection of terpenes against oxidative and acid decomposition on adsorbent cartridges. *J. Chromatogr.* **589**, 385-389.

Su F., Calvert J. G. und Shaw J. H. (1979) Mechanism of the photooxidation of gaseous formaldehyde. *J. Phys. Chem.* **83**, 3185-3191.

Tanner R. L., Markovits G. Y., Ferreri E. M. und Kelly T. J. (1986) Sampling and determination of gas-phase hydrogen peroxide following removal of ozone by gas-phase reaction with nitric oxide. *Anal. Chem.* **58**, 1857-1865.

Tatsuma T., Ariyama K. und Oyama N. (1996) Peroxidase-incorporated hydrophilic polythiophene electrode for the determination of hydrogen peroxide in acetonitrile. *Anal. Chim. Acta* **318**, 299-302.

Tavares T. M. und Klockow D. (1987) Field investigations of the variability of hydrogen peroxide concentration in atmospheric gas phase. Comm. Eur. Communities, Rep. EUR 10832.

Thomas D. W., Van Kuijk F. J. G. M., Dratz E. A. und Stephens R. J. (1991) Quantitative determination of hydroxy fatty acids as an indicator of in vivo lipid peroxidation: Gas chromatography-mass spectrometry methods. *Anal. Biochem.* **198**, 104-111.

Thomas S. M., Jessup W., Gebicki J. M. und Dean R. T. (1989) A continuous-flow automated assay for iodometric estimation of hydroperoxides. *Anal. Biochem.* **176**, 353-359.

Tremmel H. G. (1992) Die Verteilung von Peroxiden in der unteren Troposphäre, 1. Auflage, Wissenschafts-Verlag, Frankfurt am Main.

Ulberth F. und Roubicek D. (1993) Evaluation of a static headspace gas chromatographic method for the determination of lipid peroxides. *Food Chem.* **46**, 137-141.

Ulrich B. (1990) Waldsterben: Forest decline in West Germany. *Environ. Sci. Technol.* **24**, 436-441.

Van Bavel B., Järemo M., Karisson L. und Lindström G. (1996) Development of a solid phase carbon trap for simultaneous determination of PCDDs, PCDFs, PCBs, and pesticides in environmental samples using SFE-LC. *Anal. Chem.* **68**, 1279-1283.

Van der Wal J. F. (1993) Guidelines for a healthy indoor environment and impact on the acceptance of the actual situation. *Toxicol. Environ. Chem.* **40**, 111-119.

Van Tilborg W. J. M. (1975) Qualitative and quantitative determination of hydroperoxides by high-performance liquid chromatography. *J. Chromatogr.* **115**, 616-620.

Vinñas P., López Erroz C., Campillo N. und Hernández-Córdoba M. (1996) Determination of sulphonamides in foods by liquid chromatography with postcolumn fluorescence derivatization. *J. Chromatogr. A* **726**, 125-131.

VKE (1993) Geschäftsbericht. Verband Kunststofferzeugende Industrie e. V. (Hrsg.), Frankfurt am Main.

Vreeke M. S., Yong K. T. und Heller A. (1995) A thermostable hydrogen peroxide sensor based on "wiring" of Soybean Peroxidase. *Anal. Chem.* **67**, 4247-4249.

Wagner J. R., Berger M., Cadet J. und Van Lier J. E. (1990) Analysis of thymidine hydroperoxides by post-column reaction high-performance liquid chromatography. *J. Chromatogr.* **504**, 191-196.

Wallace L. A. (1985) Organic chemicals in indoor air: A review of human exposure studies and indoor air quality studies. In: Indoor Air and Human Health, Gammage R. B. und Kaye S. V. (Hrsg.), Lewis Publishers Inc., Tennessee, USA.

Wallace L. A. (1987) The Total Exposure Assessment Methodology. (Team) Study: Summary and Analysis. EPA-600/19, Vol. 1.

Wang C.-L. und Mulchandani A. (1995) Ferrocene-conjugated polyaniline-modified enzyme electrodes for determination of peroxides in organic media. *Anal. Chem.* **67**, 1109-1114.

Wanner H.-U. (1993) Sources of pollutants in indoor air. *IARC Scientific Publications* **109**, 19-30.

Warneck P. (1988) Chemistry of the Natural Atmosphere, Academic Press, San Diego, CA, USA.

Weschler C. J., Hodgson A. T. und Wooley J. D. (1992) Indoor chemistry: ozone, volatile organic compounds, and carpets. *Environ. Sci. Technol.* **26**, 2371-2377.

Wimschneider A. (1996) Luftschadstoffe im Umfeld des Münchner Flughafens - Bestimmung von flüchtigen Kohlenwasserstoffen als Vorläufersubstanzen und von Photooxidantien als Produkte der luftchemischen Oxidation. Dissertation, TU München-Weihenstephan.

Woodman J. N. und Cowling E. B. (1987) Airborne chemicals and forest health. *Environ. Sci. Technol.* **21**, 120-126.

Yagi K., Kiuchi K., Saito Y., Miike A., Kayahara N., Tatano T. und Ohishi N. (1986) Use of a new methylene blue derivative for determination of lipid peroxides in foods. *Biochem. Intern.* **12**, 367-371.

Yamada K., Terao J. und Matsushita S. (1987) Electrochemical detection of phospholipid hydroperoxides in reverse-phase high performance liquid chromatography. *Lipids* **22**, 125-128.

Yamamoto Y. und Ames B. N. (1987) Detection of lipid hydroperoxides and hydrogen peroxide at picomole levels by an HPLC and isoluminol chemiluminescence assay. *Free Radical Biology & Medicine* **3**, 359-361.

Yamamoto Y., Brodsky M. H., Baker J. C. und Ames B. N. (1987) Detection and characterization of lipid hydroperoxides at picomole levels by high-performance liquid chromatography. *Anal. Biochem.* **160**, 7-13.

Yang L. und Murray R. W. (1994) Spectrophotometric and electrochemical kinetic studies of poly(ethylene glycol)-modified horseradish peroxidase reactions in organic solvents and aqueous buffers. *Anal. Chem.* **66**, 2710-2718.

Yang L., Janle E., Huang T., Gitzen J. und Kissinger P. T. (1995) Applications of "wired" peroxidase electrodes for peroxide determination in liquid chromatography coupled to oxidase immobilized enzyme reactors. *Anal. Chem.* **67**, 1326-1331.

Yocom J. (1982) Indoor-outdoor air quality relationships. *J. Air Pollut. Control Assoc.* **32**, 500-520.

Zhang Z., Yang M. J. und Pawliszyn J. (1994) Solid-phase microextraction. *Anal. Chem.* **66**, 844A-853A.

Zhou X. und Lee Y.-N. (1992) Aqueous solubility and reaction kinetics of hydroxymethyl hydroperoxide. *J. Phys. Chem.* **96**, 265-272.

Zika R. G. und Saltzman E. S. (1982) Interaction of ozone and hydrogen peroxide in water: Implications for analysis of H_2O_2 in air. *Geophys. Res. Lett.* **9**, 231-234.

FSC
www.fsc.org
MIX
Papier | Fördert gute Waldnutzung
FSC® C083411

Kolibri 360 GmbH
Ferdinand-Jühlke-Straße 7
99095 Erfurt, Deutschland
produktsicherheit@kolibri360.de